高等学校计算机科学与技术教材

Visual Basic 程序设计

实验与习题指导

周杭霞　雷　凌　战国科　编著

清华大学出版社
北京交通大学出版社
·北京·

内 容 简 介

本书通过大量实例深入浅出地介绍Visual Basic的操作、使用和编程，辅助学生深入学习Visual Basic程序设计课程。本书内容分明、讲解清晰、难易搭配，其中融入了大量的测试题和难点解析，这些例题和习题几乎覆盖了Visual Basic程序设计课程中出现的全部语法，并涉及了学生所应了解和掌握的知识点和相关算法，是学生进行编程实战的好助手，是各类高等院校、高等职业学校及相关院校非计算机专业的Visual Basic程序设计课程教学辅导教材，也可作为培训班教材和自学读物。

图书在版编目(CIP)数据

Visual Basic程序设计实验与习题指导/周杭霞，雷凌，战国科编著. —北京：清华大学出版社；北京交通大学出版社，2008.9(2015.2重印)

(高等学校计算机科学与技术教材)

ISBN 978－7－81123－383－4

Ⅰ.V…　Ⅱ.①周…　②雷…　③战…　Ⅲ.BASIC语言－程序设计－高等学校－教学参考资料　Ⅳ.TP312

中国版本图书馆CIP数据核字(2008)第130463号

责任编辑：谭文芳
出版发行：清 华 大 学 出 版 社　邮编：100084　电话：010－62776969　http://www.tup.com.cn
　　　　　北京交通大学出版社　邮编：100044　电话：010－51686414　http://press.bjtu.edu.cn
印 刷 者：北京交大印刷厂
经　　销：全国新华书店
开　　本：185×260　印张：11　字数：278千字
版　　次：2008年9月第1版　2015年2月第3次印刷
书　　号：ISBN 978－7－81123－383－4/TP·430
印　　数：5 001～6 000册　定价：18.00元

本书如有质量问题，请向北京交通大学出版社质监组反映。对您的意见和批评，我们表示欢迎和感谢。
投诉电话：010－51686043，51686008；传真：010－62225406；E-mail：press@bjtu.edu.cn。

前　言

随着社会的进步及信息技术的高速发展，程序设计语言已经成为高校学生为了适应时代的发展所要掌握的计算机技术基础内容。作为一种面向对象的可视化编程工具，Visual Basic 具有简单易学、灵活方便和易于扩充的特点，被公认为是编程效率最高的一种编程方法。

目前高校非计算机专业常以 Visual Basic 作为第一门计算机程序设计语言课程，要求学生既要掌握理论知识，同时又要具备一定的实际操作技能和独立编程能力。但是由于学生是首次接触程序设计课程，而且课时数有限，难以较快地掌握 Visual Basic 的精华和熟练地编程。编者撰写本书的目的就是想帮助读者缩短这一过程，尽快掌握编程技巧。让读者在用程序语言解决实际问题过程中的分析归纳能力得到培养、思维得到训练、综合应用能力得到提高。

本书共分两大部分，第一部分是上机实验指导，根据课程内容设计了八个实验，其中包括多个具有较强针对性和实践性的实例和留给读者自己动手上机完成的实验练习题；第二部分设计了十套综合模拟测试卷，对每一题都设有知识点解析和答案。本书所涉及实例均采用 Visual Basic 6.0 集成开发平台。由于解决一个问题通常可采用不同的方法、设计不同的程序界面、编出多个程序，本书给出的程序只是其中的一个，仅起到抛砖引玉的作用。

本书由长期工作在教学第一线的多位教师共同编写完成。本书在编写过程中得到了汪志勤老师、徐文龙老师、魏文老师、刘砚秋老师等的大力支持，在此一并表示衷心的感谢。由于编者水平有限，加之时间仓促，书中定有一些不当和错误，谨请广大读者批评指正。

编　者

2008 年 7 月

目　　录

第一部分　上机实验指导

第二部分　模拟试题

第一部分　上机实验指导

实验 1　Visual Basic 程序设计概述

1.1　实验目的

1. 熟悉 VB 集成开发环境
2. 掌握在 VB 环境中开发应用程序的基本步骤、方法
3. 建立面向对象程序设计的基本概念

1.2　实验内容与指导

【实验 1－1】　在 Windows 下启动 VB 集成开发环境；熟悉该集成开发环境下的主开发窗口、工具栏和菜单栏；建立、调试并保存一个 VB 程序。

【实验 1－1】　解答

步骤一：启动

如图 1－1 所示，在 Windows 环境下依次单击【开始】→【程序】→【Microsoft Visual Basic 6.0 中文版】→【Microsoft Visual Basic 6.0 中文版】，即可打开如图 1－2 所示的新建工程对话框。

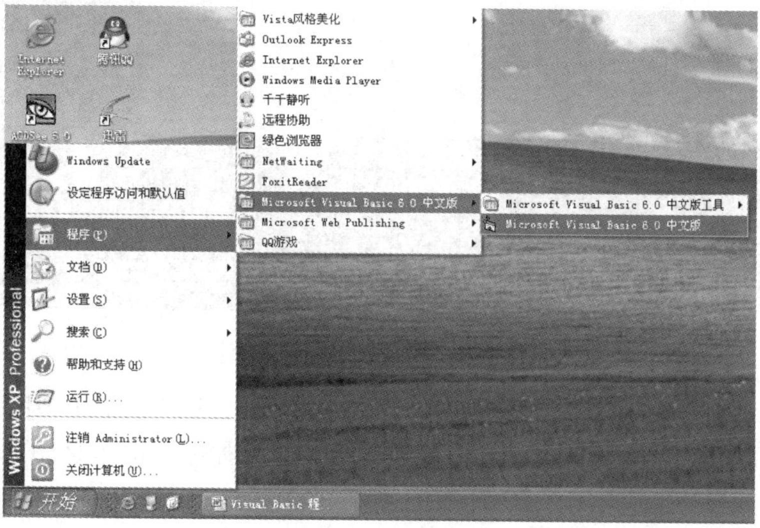

图 1－1　Windows 开始界面

图 1－2　【新建工程】对话框

在【新建工程】对话框中选择“标准 EXE”后，单击【打开】按钮，即可进入 VB 6.0 集成开发环境设计界面，如图 1－3 所示。

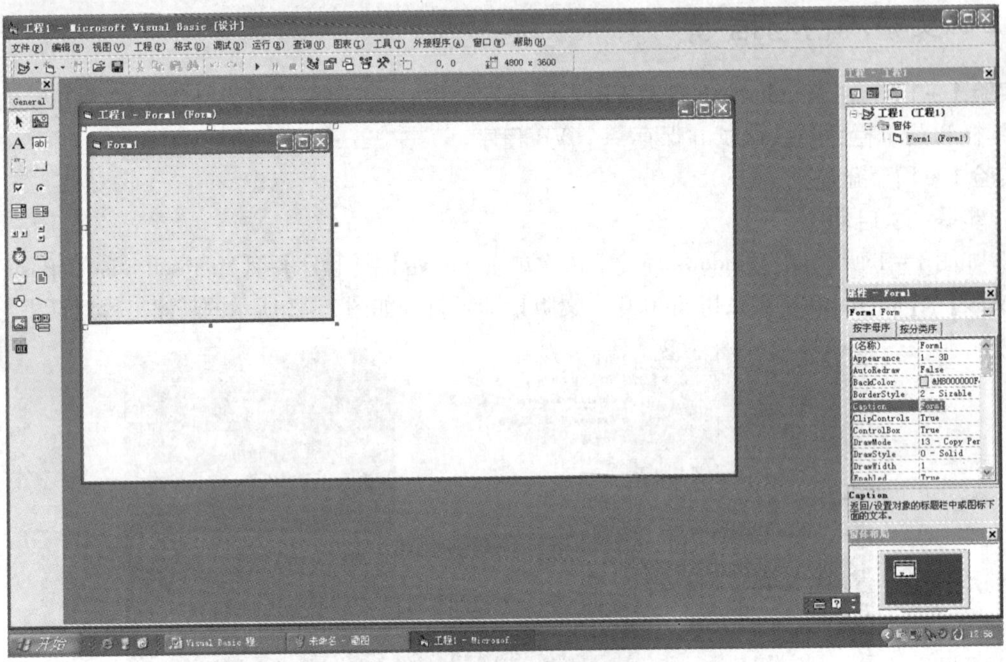

图 1－3　VB 6.0 集成开发环境设计界面

VB 6.0 集成开发环境设计界面的左侧为工具栏，上面列有常用的 21 种控件，这些控件在工具栏上被称为类；当单击控件并且将其拖拽到窗体上时，控件就成为具体的控件对象了。

步骤二：编程

VB 程序编程可以概括为以下三个步骤。

(1) 新建用户界面

根据具体编程要求建立用户界面，如要求建立含有文本框、命令按钮的界面，如图 1－4 所示。

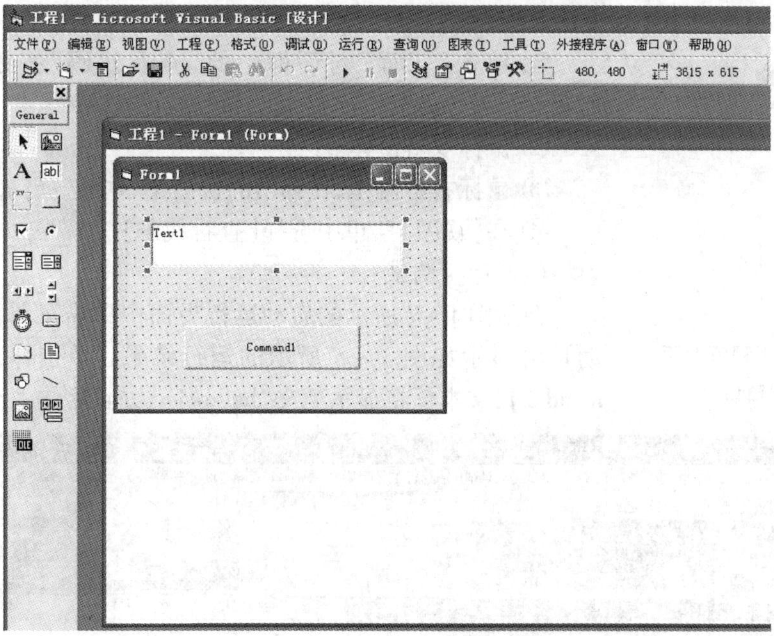

图 1－4　【实验 1－1】设计界面

（2）编写其中代码

确定程序运行时将要触发的事件，编写事件代码，例如，要求在单击命令按钮时，文本框显示英文“hellow!”，且字体大小为 16。因此可知运行时将要触发的事件为命令按钮的单击事件，即 Command1 _ Click( )事件，在如图 1－5 右侧所示的代码窗口输入如下事件代码：

```
Private Sub Command1 _ Click( )
Text1. Text = "hellow!"
Text1. Fontsize = 16
End Sub
```

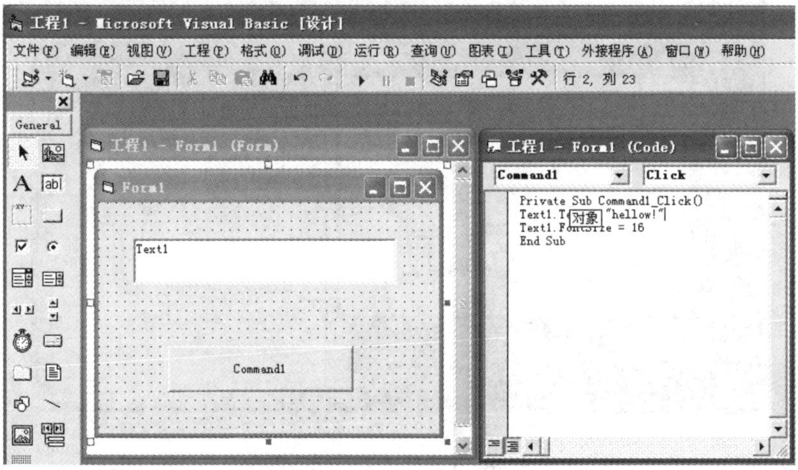

图 1－5　【实验 1－1】代码窗口

代码窗口可由以下 4 种方法调出。

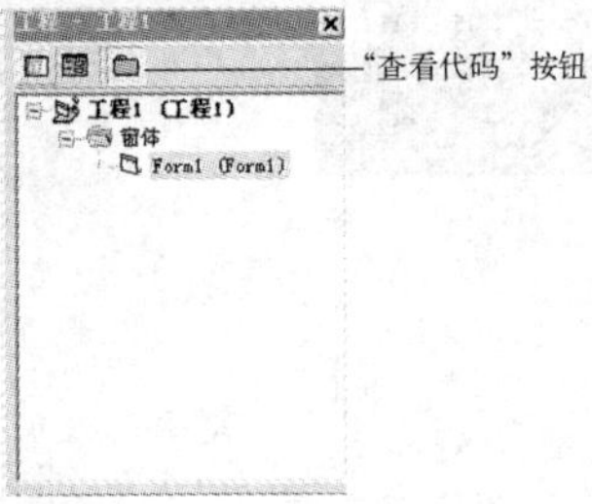

图 1-6 工程资源管理器窗口

① 单击“工程”对话框中的“查看代码”按钮，如图 1-6 所示。

② 鼠标双击窗体。

③ 鼠标右击窗体，在弹出的快捷菜单中选择【查看代码】。

④ 在【视图】菜单中选择【查看代码】。

(3) 运行调试

在如图 1-7 所示的启动运行界面中单击菜单【运行】→【启动】，将显示如图 1-8 所示的运行结果。单击命令按钮【Command 1】，文本框将显示英文“hellow!”，并且字体大小为 16。

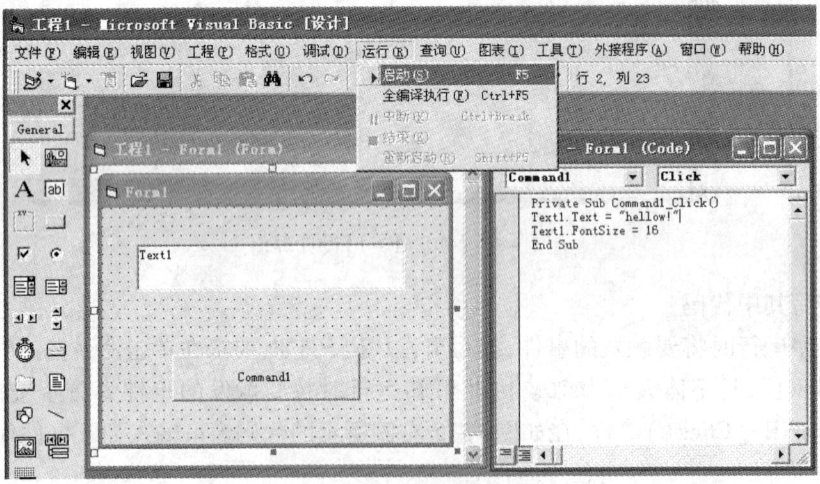

图 1-7 启动运行界面

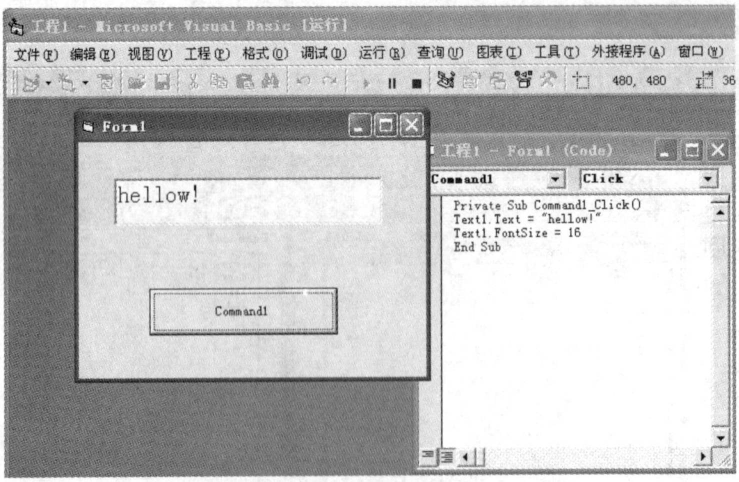

图 1-8 【实验 1-1】运行结果

调试成功后，可选择生成 *.exe 可执行文件提交给用户，如图 1-9 所示。

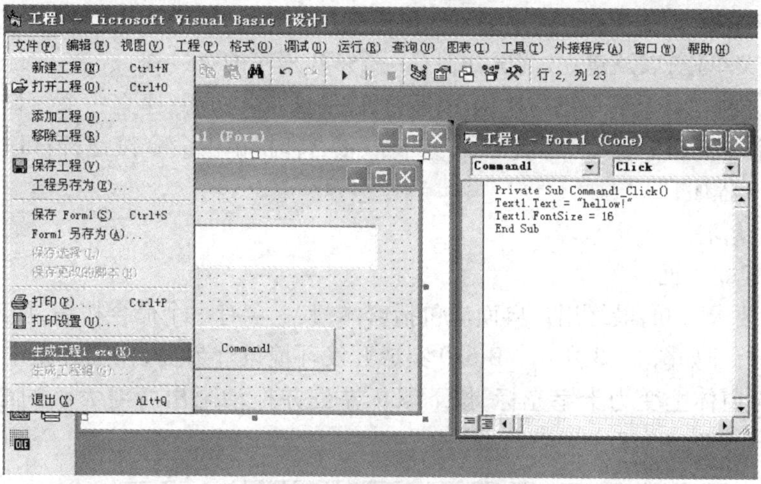

图 1－9　.exe 可执行文件的生成界面

选择菜单【文件】→【生成工程 1. exe】,将出现图 1－10 所示的【生成工程】对话框,可对生成的文件进行保存。保存时最好建立自己的文件目录,不要采用默认路径。

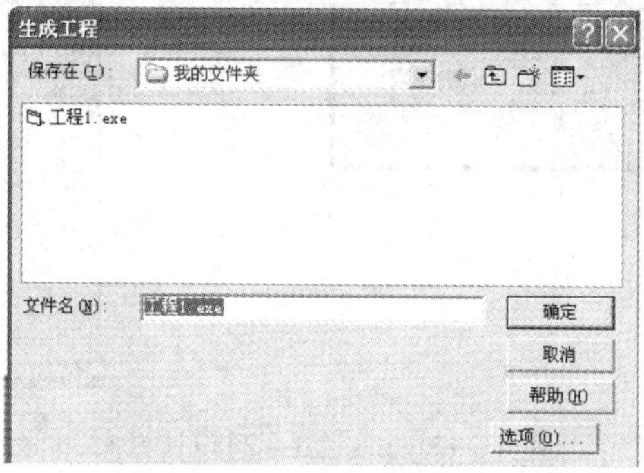

图 1－10　【生成工程】对话框

保存成功后可在【我的电脑】下进入刚才的保存目录调用工程 1. exe 可执行文件运行程序,界面如图 1－11 所示。

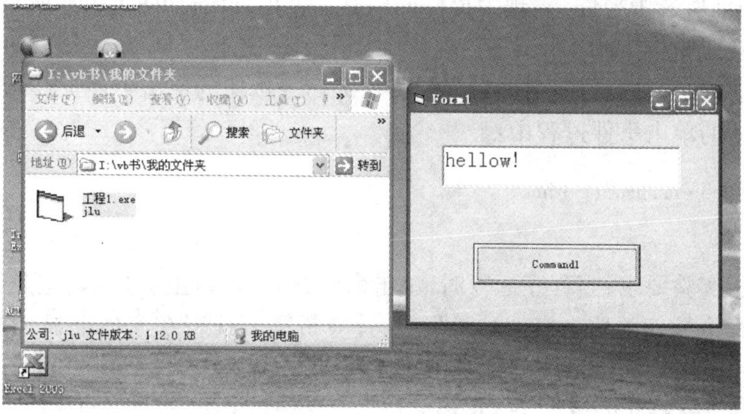

图 1－11　.exe 文件的启动

至此,已经完成了在 Windows 下启动 VB 集成开发环境,熟悉该集成开发环境下的主开发窗口、工具栏、菜单栏,以及建立、调试并保存一个 VB 程序的全过程。

【实验 1-2】 创建一个简单的 VB 程序,程序应完成如下功能:建立一个窗口上包含一个命令按钮对象,命令按钮上显示"请单击我";当程序运行时,单击命令按钮,窗口上会显示"这是我的第一个 VB 程序!"。

【实验 1-2】 解答

步骤一:建立界面

分析实验要求可知,最终用户界面应包括窗体,其上含有一个命令按钮,按照实验 1-1 介绍的开发过程打开如图 1-3 所示 VB 6.0 集成开发环境设计界面,在工具箱中单击命令按钮图标,鼠标移至窗体上变为十字光标,按下鼠标左健并拖动画出所要大小的命令按钮,如图 1-12所示。

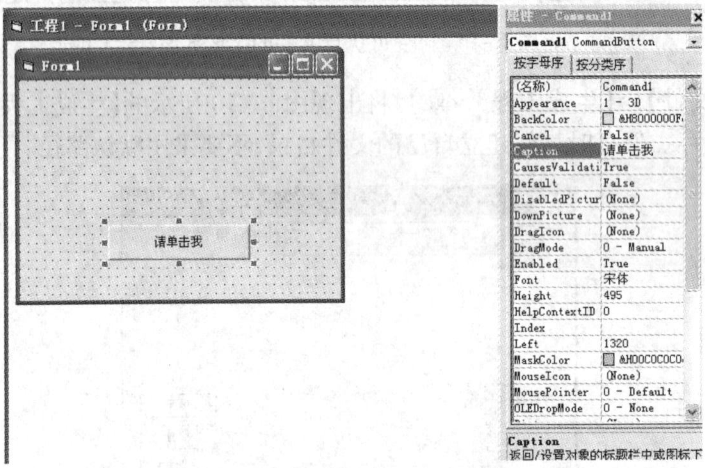

图 1-12 【实验 1-2】设计界面

命令按钮上显示的"请单击我"字样是通过将【属性】对话框中 Command1 命令按钮的 Caption 属性值设置为"请单击我"来实现的。

注意:VB 6.0 集成开发环境的右侧【属性】对话框中的属性为当前所选中的控件的对应属性。所谓的"当前所选中控件"表现为控件四周有 8 个小方块,如图 1-12 所示。

步骤二:编写事件代码

根据实验要求,程序运行时可能触发的事件为命令按钮的单击事件,所以如下事件代码应添加到命令按钮的单击事件过程中:

```
Private Sub Command1_Click()
End Sub
```

进一步分析实验要求,当程序运行时,单击命令按钮,窗口上会显示"这是我的第一个 VB 程序!"。即当命令按钮的单击事件被触发时,计算机需要执行在窗体上显示"这是我的第一个 VB 程序!"的操作,这可通过以下语句实现:

Form1. Print "这是我的第一个 VB 程序!"

注意:Form1. Print "这是我的第一个 VB 程序!"是一个常用语句,应时刻牢记,其中 Print

是学习 VB 时接触到的第一个方法。

将所选中的语句添加到事件过程,完整代码如图 1－13 所示。

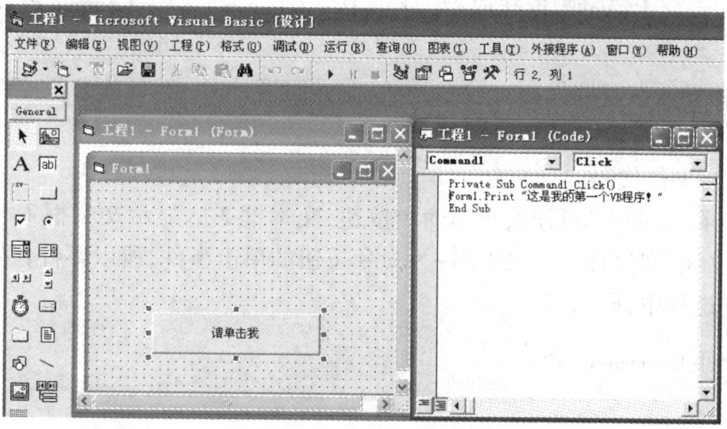

图 1－13　【实验 1－2】代码窗口

最后按照实验 1－1 介绍的方法调试运行即可,结果如图 1－14 所示。

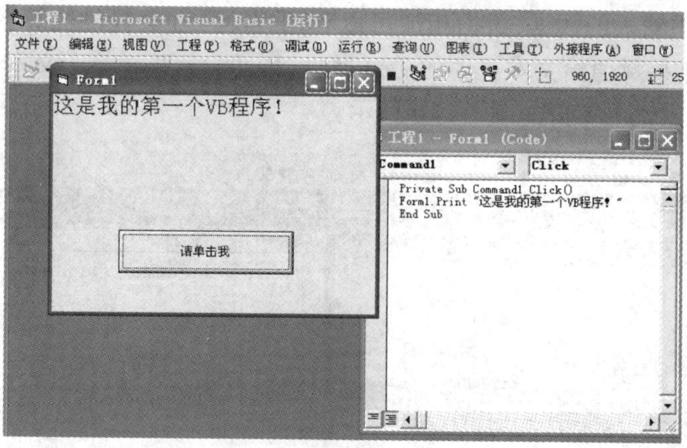

图 1－14　【实验 1－2】运行界面

【实验 1－3】　创建一个简单具有运算功能的 VB 程序,程序应完成如下功能:建立一个窗口上包含三个文本框对象,一个标签框对象,一个命令按钮对象;当程序运行时,单击命令按钮,文本框 3 将显示文本框 1 与文本框 2 相加的结果;标签框上显示“＋”; 命令按钮上显示“＝”。

【实验 1－3】　解答

步骤一:建立界面

分析实验要求可知,最终用户界面应包括窗体,窗体上应包含三个文本框,一个标签框,一个命令按钮;并且其排列顺序应符合实验要求,即文本框 3 将显示文本框 1 与文本框 2 相加的结果的形式;参考的运行界面如图 1－15 所示。

按实验要求,标签框上显示“＋”、命令按钮上显示“＝”,这可采取以下两种方法实现。

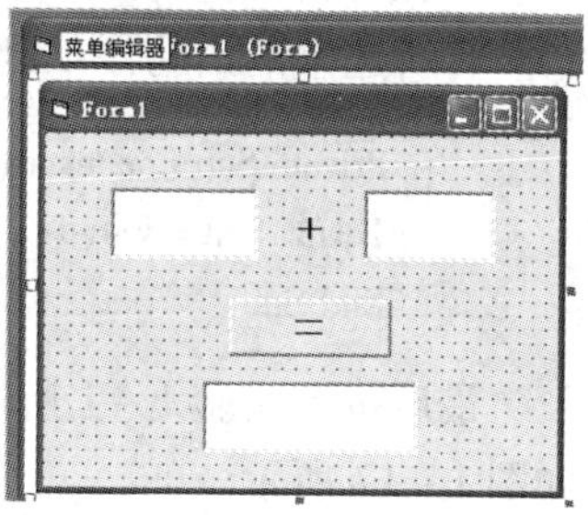

图 1－15　【实验 1－3】设计界面

① 类似于实验 1 - 2，单击选中标签框，将【属性】对话框中的 Caption 属性设置为“ + ”；再单击选中命令按钮，将【属性】对话框中的 Caption 属性设置为“ = ”。

② 还可以在程序中通过程序代码（如：Label1. caption = " + "； Command1. caption = " = "）来实现。

注意：本实验界面涉及控件相对较多，所以在界面设计时，还应考虑各控件的平面布局美观问题。

步骤二：编写事件代码

根据实验要求，当程序运行时，单击命令按钮，文本框 3 应显示文本框 1 与文本框 2 相加的结果，因此程序运行时可能触发的事件为命令按钮的单击事件，所以事件代码应添加到命令按钮的单击事件过程中，即

```
Private Sub Command1 _ Click( )
End Sub
```

进一步分析实验要求，当程序运行时，单击命令按钮后，计算机将要完成的操作分为两部分：首先获得用户在文本框 1 与文本框 2 中输入的数据，这可以通过读取文本框 1 和文本框 2 的 Text 属性来完成，即 y = Text1. Text + Text2. Text，则变量 y 的数值等于用户在 Text1 中输入的数据加上 Text2 中输入的数据，数据相加可以利用 VB 语言中提供的算术运算符“ + ”来实现；最后将相加的结果赋值给文本框 3 的 Text 属性，即 Text3. Text 等于文本框 1 与文本框 2 相加的结果。设计阶段代码窗口如图 1 - 16 所示。

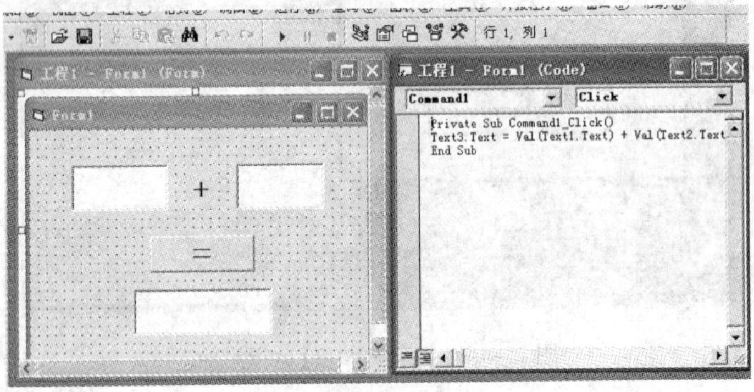

图 1 - 16 【实验 1 - 3】代码窗口

注意：上面一段中加黑的字体，当要从文本框中获得数据时 Text1. Text 和 Text2. Text 在等号右边，当要将文本框用于显示数据即赋值时 Text3. Text 在等号左边。

将所选中的语句添加到事件过程即可得如下源代码：

```
Private Sub Command1 _ Click( )
Text3. Text = Val( Text1. Text)  +  Val( Text2. Text)
End Sub
```

最后按照实验 1 - 1 所述方法调试运行程序即可，运行界面如图 1 - 17 所示。

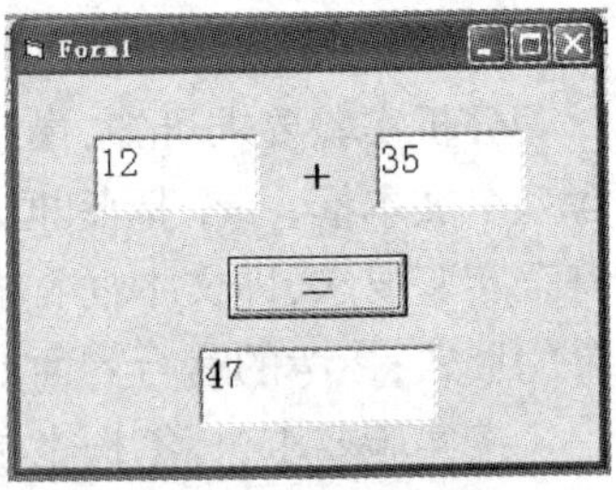

图 1 - 17 【实验 1 - 3】运行界面

小结

本章试验的主要内容为：通过实际编程演示介绍 VB 6.0 的集成开发环境；学习如何编写简单代码，介绍代码窗口的使用；借助实例引入 VB 中的基本概念：可视化编程、对象与类、属性、方法、对象事件与事件过程 。

内容难点为：对象、属性、方法、事件、事件过程的概念和使用。

学习重点为：VB 6.0 的集成开发环境主窗口的使用；创建 VB 应用程序的三个主要步骤；熟悉 VB 应用程序的事件驱动的工作方式。

课后实验（要求读者参见上述实例独立完成）

1. 创建一个 VB 程序，程序应完成如下功能：当用户单击命令按钮 1 时，在窗体显示"你好，欢迎使用 Visual Basic！"；当用户单击命令按钮 2 时，在窗体显示"这是我的第一个 VB 程序！"。

程序运行界面如图 1－18、图 1－19 所示。

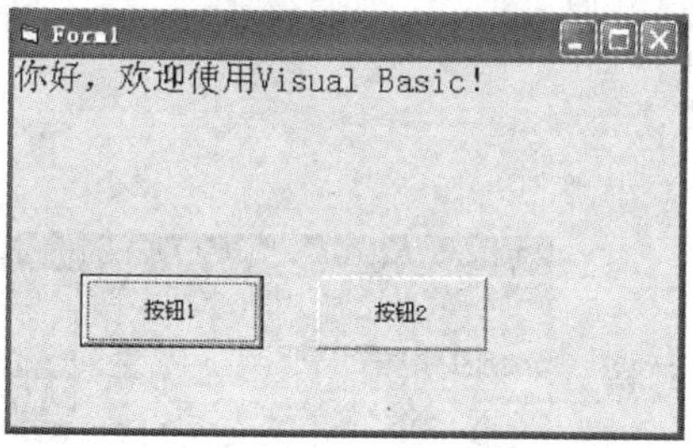

图 1－18　单击按钮 1 的运行界面

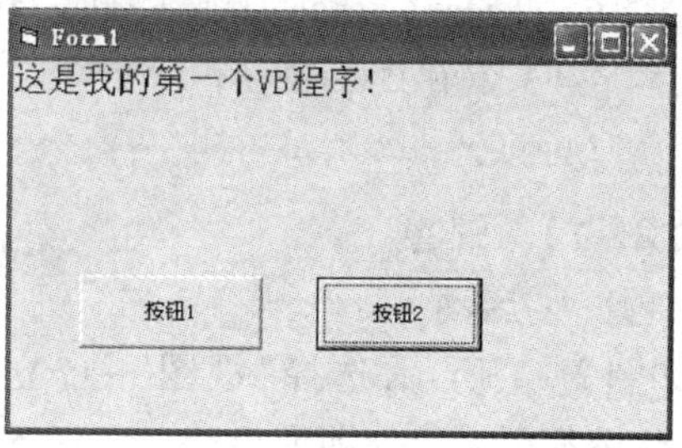

图 1－19　单击按钮 2 的运行界面

2. 创建一个 VB 程序，程序应完成如下功能：建立一个窗口，窗口上包含三个文本框对象，一个标签框对象，一个命令按钮对象；当程序运行时，单击命令按钮，文本框 3 将显示文本框 1 与文本框 2 相减的结果；标签框上显示"－"；命令按钮上显示"＝"。程序运行界面如图 1－20 所示。

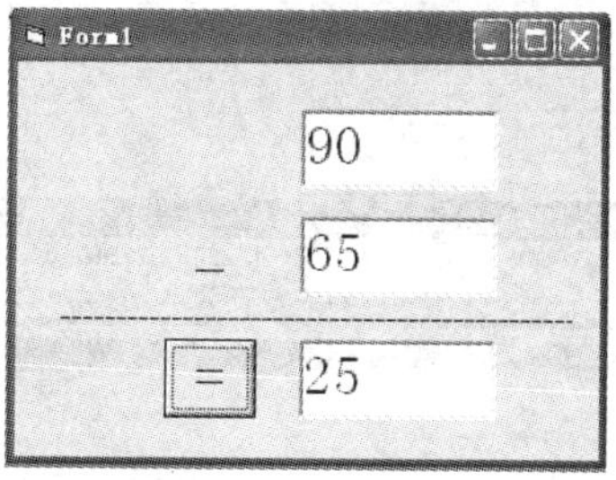

图 1－20　习题运行界面

实验 2　VB 程序设计基础

2.1　实验目的

1. 掌握 VB 的常用数据类型、运算符与表达式
2. 熟练掌握和应用 VB 的常用内部函数

2.2　实验内容与指导

【实验 2－1】　进入 VB 集成开发环境，用立即窗口熟悉常用内部函数、运算符与表达式及 Print 语句。例如，在立即窗口中输入以下代码验证计算机输出和自己计算的结果是否一致：

```
Print 123, 888, -456, 3.14
Print 123; 888; -456; 3.14
Print "123"; "888"; "abc"; "True"
? 4^3 MOD 35\2 * 2
? time()
```

【实验 2－1】　解答

步骤一：启动

如图 2－1 所示，选择“视图”→“立即窗口”，或者按 Ctrl＋G 键都可调出立即窗口。

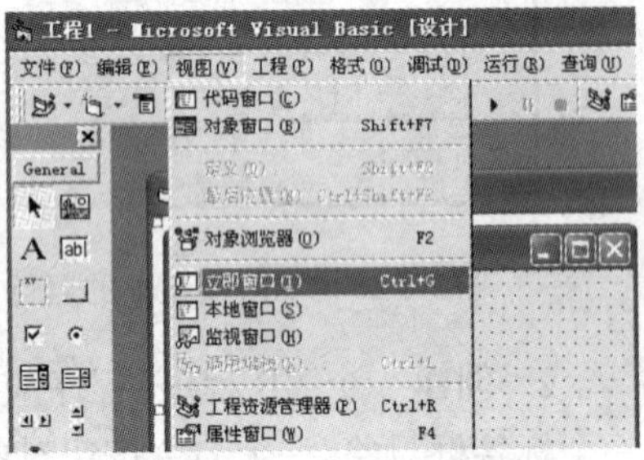

图 2－1　打开立即窗口

步骤二：运行验证

在立即窗口中输入以下代码：

```
Print 123, 888, -456, 3.14
Print 123; 888; -456; 3.14
Print "123"; "888"; "abc"; "True"
? 4^3 MOD 35\2 * 2
? time()
```

结果如图 2－2 所示。

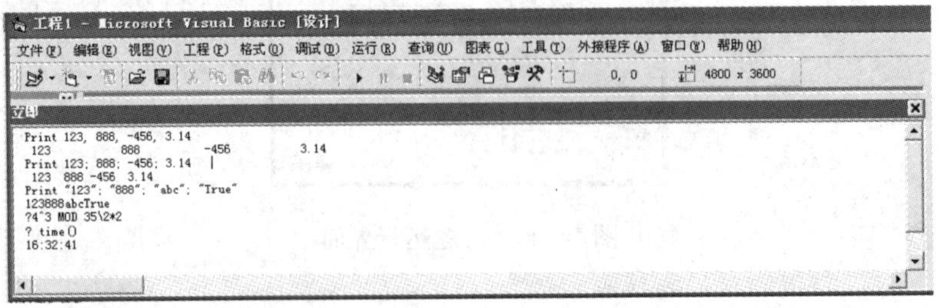

图 2－2　【实验 2－1】运行结果

注意：读者可以自行选择其他关于运算符、表达式、常用内部函数等的知识点进行实验。

【实验2－2】 创建一个VB程序，程序应完成如下功能：单击窗体时统计单击窗体次数并将单击次数显示在窗体上；单击命令按钮时统计单击命令按钮次数并将单击次数显示在窗体上；要求窗体上每次只显示单击窗体的次数或是单击命令按钮的次数。

【实验2－2】 解答

步骤一：建立界面

分析实验要求可知，最终用户界面应包括窗体，窗体上应包含两个命令按钮 Command1 和 Command2；其中 Command1 上显示“显示单击命令按钮次数”，Command2 上显示“退出”。这可在设计阶段分别更改 Command1 和 Command2 的 Caption 属性为“显示单击命令按钮次数”和“退出”来实现。具体设计界面如图2－3所示。

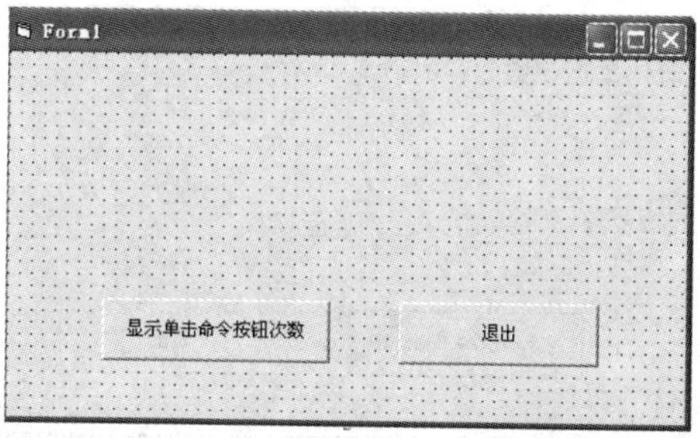

图2－3　【实验2－2】设计界面

步骤二：编写事件代码

根据实验要求，可知程序运行时可能触发的事件有三个：命令按钮 Command1 的单击事件、窗体的单击事件及命令按钮 Command2 的单击事件，所以事件代码应分别添加到两个命令按钮的单击事件过程和窗体的单击事件中，即：

```
Private Sub Command1 _ Click( )
End Sub
Private Sub Command2 _ Click( )
End Sub
Private Sub Form _ Click( )
End Sub
```

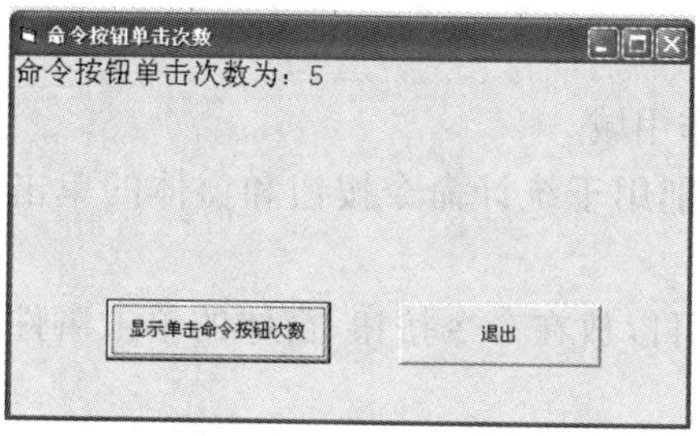

图2－4　【实验2－2】单击命令按钮运行界面

进一步分析实验要求以确定以上三个事件过程分别应输入的代码。当程序运行时，单击命令按钮 Command1 后窗体上将显示命令按钮的单击次数，此时计算机至少要完成两步操作：首先统计单击次数（声明一个变量 n 用来存储单击次数），其次在窗体上显示命令按钮单击次数（用窗体的 Print 方法）。其运行界面如图2－4所示。

以上过程的代码如下：

```
Dim n As Integer, m As Integer
Private Sub Command1 _ Click( )
Form1. Cls                      'Cls 为窗体的擦除方法
Form1. Caption = "命令按钮单击次数"
n = n + 1
Form1. Print "命令按钮单击次数为：" & n
End Sub
```

当用户单击窗体时，窗体上将显示窗体的单击次数。此时计算机要完成的两步操作：统计单击窗体次数(声明一个变量 m 用来存储单击次数),在窗体上显示窗体的单击次数(用窗体的 Print 方法)。其代码如下:

```
Private Sub Form _ Click( )
Form1. Cls
Form1. Caption = "窗体单击次数"
m = m + 1
Form1. Print"窗体单击次数为:" & m
End Sub
```

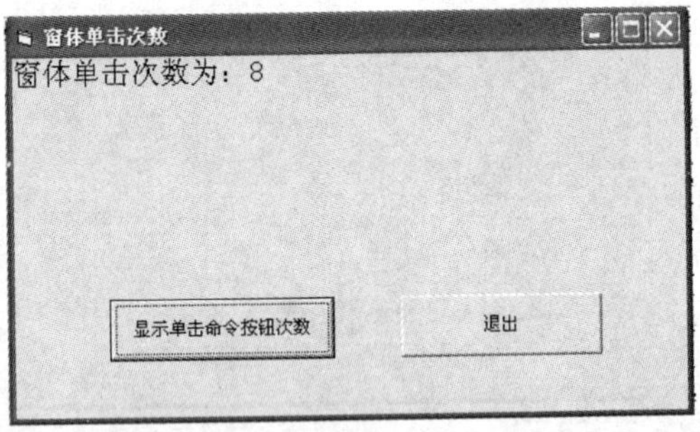

图 2-5　【实验 2-2】单击窗体的运行界面

该过程运行界面如图 2-5 所示。

单击命令按钮 Command2 后,计算机将要结束该程序的运行(采用 End 语句),其代码如下:

```
Private Sub Command2 _ Click( )
End
End Sub
```

整个程序的代码窗口如图 2-6 所示。

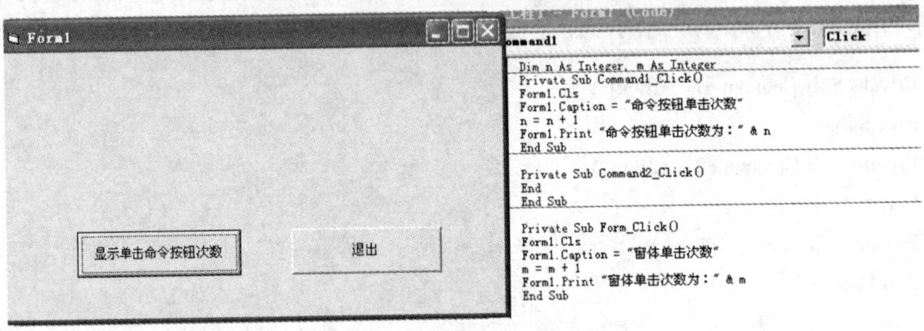

图 2-6　【实验 2-2】代码窗口

注意:本实验涉及的一个知识难点是变量的定义及作用域。

此处在通用部分声明了窗体级别的变量 n 和 m,分别用于统计命令按钮和窗体的单击次数。

思考一下,"Dim n As Integer","m As Integer"可不可以放在命令按钮、窗体的单击事件中定义,如:

```
Private Sub Command1 _ Click( )
Dim n As Integer
End Sub
Private Sub Form _ Click( )
Dim m As Integer
End Sub
```

这样定义的 m 和 n 还能起到统计命令按钮及窗体单击次数的作用吗?

【实验 2-3】　创建一个 VB 程序,程序应完成如下功能:对输入的五位正整数分离出它的个位、十位、百位、千位、万位,并求各位数的和。如输入 12345,输出和为 15。

【实验2-3】 解答

步骤一：建立界面

分析实验要求可知，最终用户界面应包括窗体，窗体上应包含一个标签Label1，其上显示“各个位数值之和：”，这可在设计阶段通过设置Label1的Caption属性为“各个位数值之和：”来实现；包含一个文本框用于输出显示计算所得的和；包含两个命令按钮Command1和Command2，其上分别显示“输入”和“退出”，这可在设计阶段将Command1和Command2的Caption属性设置为“输入”和“退出”来实现。

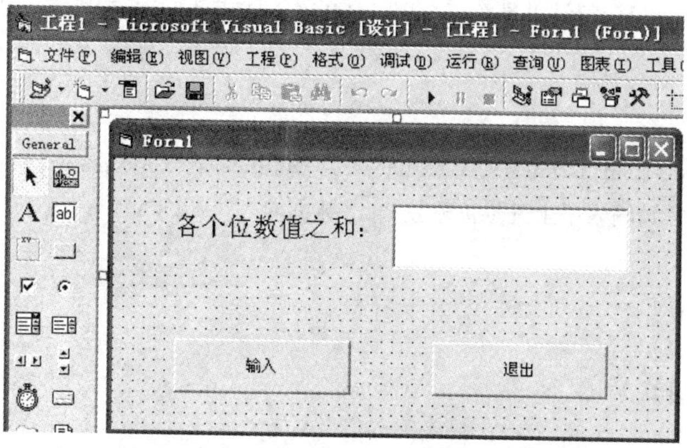

图2-7　【实验2-3】设计界面

步骤二：编写事件代码

根据实验要求，经分析知道程序运行时，将要触发的事件为命令按钮Command1和Command2的单击事件，事件代码应分别添加到两个命令按钮的单击事件过程中，即：

```
Private Sub Command1_Click()
End Sub
Private Sub Command2_Click()
End Sub
```

进一步分析可知，当程序运行时，单击命令按钮Command1，将出现如图2-8所示的【数据输入】对话框提示用户输入一个五位正整数。

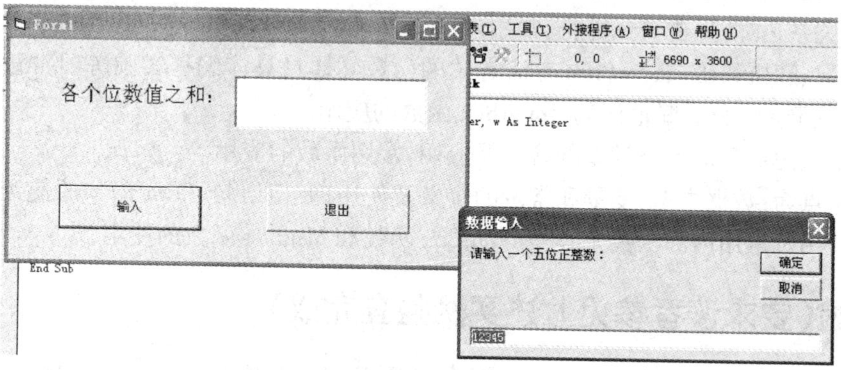

图2-8　【数据输入】对话框

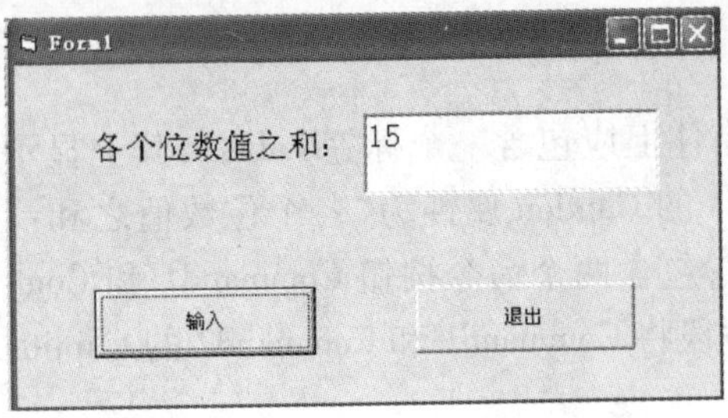

图 2 – 9 【实验 2 – 3】运行结果界面

当用户输入数值并单击【确定】按钮后，将在主窗体的文本框中显示各个位上数值之和，如图 2 – 9 所示。

单击命令按钮 Command2 后结束程序运行。

可知单击【输入】命令按钮 Command1 后计算机将要完成的操作，即调出输入对话框；等用户输入后进行各个数位上数值的分离；对分离后的各个位上的数值求和并输出。实现的参考代码如下所示：

```
Private Sub Command1 _ Click( )
Dim n As Integer, m As Integer, x As Integer, y As Integer, z As Integer, w As Integer
n = InputBox( "请输入一个五位正整数:", "数据输入", 12345)
m = Left( n, 1)
x = Mid( n,2,1)
y = Mid( n,3,1)
z = Mid( n,4,1)
w = Right( n,1)
Text1. Text = m + x + y + z + w
End Sub
Private Sub Command2 _ Click( ) '退出按钮的功能实现代码
End
End Sub
```

注意：这种编程思路是将用户输入的正整数当作字符串来处理的。此处程序代码是否可引入循环结构使之简化还请读者思考。

另外，此程序还可考虑用其他方法实现，也请读者思考。

小结

本章实验主要内容为：通过立即窗口的功能帮助读者熟悉运算符，包括算术运算符、字符串运算符、关系运算符、逻辑运算符；常用内部函数，包括数学函数、字符串函数、日期和时间函数、转换函数、随机数函数、与 Print 方法有关的函数。通过具体编程实验练习常量、变量定义的使用，以及 Print 语句、赋值语句、InputBox 函数的应用。

内容难点为：VB 的数据类型的含义及应用，常用函数的应用。

内容重点为：数据类型；变量和常量的定义及使用；赋值语句、Print 语句的使用；运算符和表达式的使用及常用内部函数尤其是 InputBox 函数和 MsgBox 函数的使用。

课后实验(要求读者参见上述实例独立完成)

1. 阅读下列程序，分析程序运行时，连续三次单击命令按钮 Command1，且设输入的数是 5、2 和 4 时，分别写出文本框 Text1. Text 的值；分析程序运行机理并请自行上机运行验证。

```
Private Static Sub Command1 _ Click( )
    Dim x As Integer, s As Integer
    x = Val( InputBox( "请输入一个正整数 = " ) )
    If  x < 5  Then
        s = s * x
    Else
        s = s + x
    End  If
    Text1. Text = "s = "  + Str( s )
End Sub
```

程序的设计界面如图 2－10 所示。

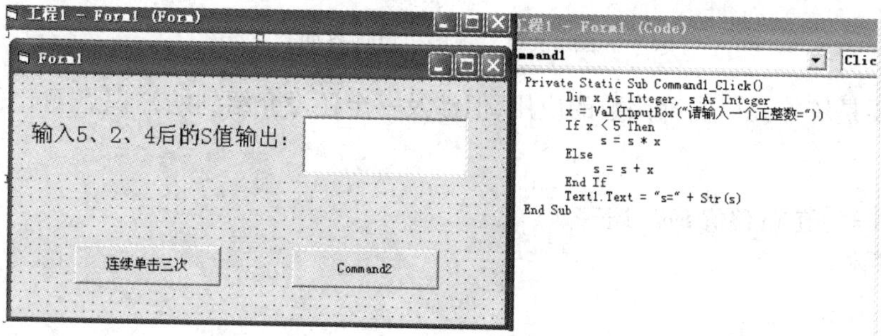

图 2－10　设计界面

本题涉及两个知识难点，其一为还没介绍到的 If 选择结构，其语法格式为：

```
If 条件 Then
语句块 1
Else
语句块 2
End If
```

If 选择结构的语法是当条件成立时执行语句块 1，否则执行语句块 2。

另一个知识难点为静态变量 Static 在 Private Static Sub Command1 _ Click( )处的应用，它意味着过程中的变量都是静态变量。

2. 阅读下列程序，分析程序运行时，单击窗体后 Form1 上的输出结果，并请自行上机运行验证。

```
Private Sub Form _ Click( )
    Dim x As String
    Dim i As Integer, n As Integer
    Form1. Cls
    x = "ABCDEFGHKL"
    n = Len( x )
    For  i = n  To  1  Step  -2
        Form1. Print  Tab(20 - i);  Mid( x, i, 1)
```

```
    Next i
End Sub
```

程序的设计界面如图 2 – 11 所示。

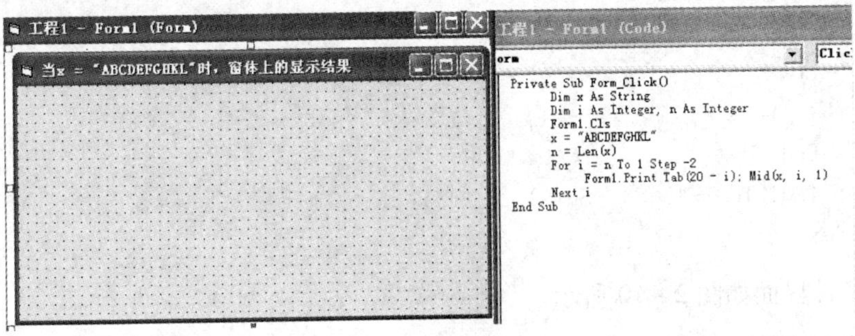

图 2 – 11　习题 2 设计界面

本题主要是练习几个内部函数的应用，但涉及一个还没介绍到的知识点 For 循环，其语法格式为：

For i = 初值 To 终值 Step 步长
循环体
Next i

其中 i 为循环控制变量，它由初值开始，每执行一次循环体加一个步长直到 i 大于终值就停止循环。

3. 创建一个 VB 程序，程序应完成如下的功能：对输入的 n 位正整数分离出它的各个位值，并对各位数值求和输出。程序的设计界面如图 2 – 12 和图 2 – 13 所示。

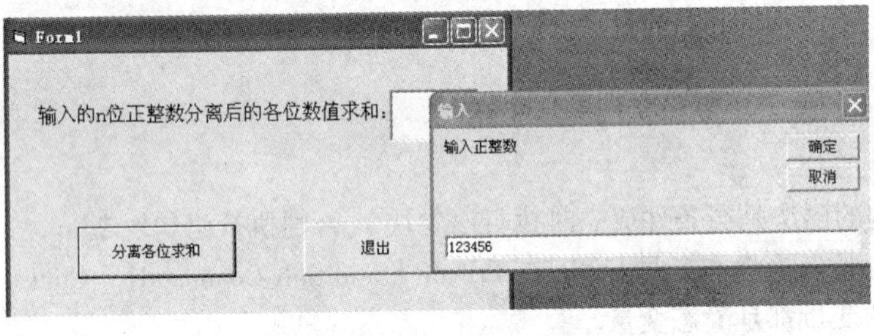

图 2 – 12　习题 3 输入界面

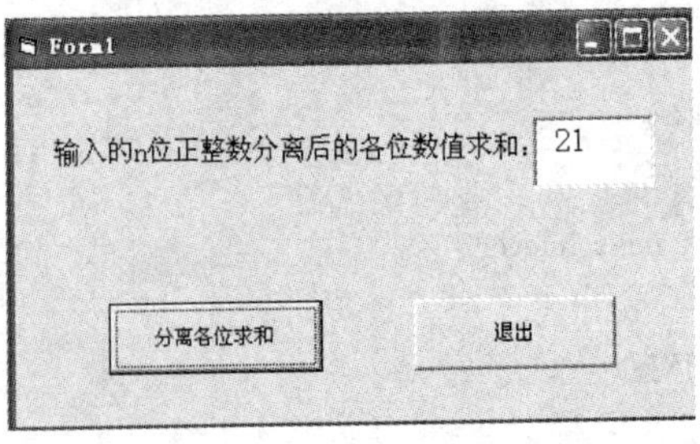

图 2 – 13　习题 3 运行结果界面

本题的实现方法可以考虑以下两种。

(1) 可以将用户输入的 n 位正整数当作一个字符串,用字符串的内部函数 mid(x,m,n)进行各个位数值的分离。

(2) 可以将用户输入的 n 位正整数当作一个数值,用数学方法进行各个位数值的分离,如用户输入 123,则个位为(123 mod 100)mod 10 的结果。

读者还可以考虑用其他方法实现本题要求的功能。

实验3　结构化程序设计与数组

3.1　实验目的

1. 熟练掌握结构化程序控制的三种基本结构,并能熟练编写程序
2. 数组及其使用

3.2　实验内容与指导

【实验3-1】　创建一个VB程序,程序应完成如下功能:计算分段函数的值并显示结果;建立一个窗口,窗口上包含一个文本框Text1,一个命令按钮,命令按钮上显示“计算”,两个标签框Label1和Label2,其中Label1位于文本框左侧用于提示用户在文本框中输入x值,程序运行时单击命令按钮,根据文本框输入的x值计算分段函数值(见公式3-1),运算结果在Label2中显示。

$$f(x)=\begin{cases}5x^2+3x+6 & x\geqslant 5\\ \sqrt{x+2} & 2\leqslant x<5\\ 9x & x<2\end{cases} \qquad (3-1)$$

【实验3-1】　解答

步骤一:建立界面

分析实验要求可知,最终用户界面应包括窗体,窗体上应包含一个文本框Text1,用于输入x值;标签框Label1位于文本框左侧用于提示用户在文本框中输入x值;两个命令按钮,命令按钮Command1上显示“计算”、Command2上显示“退出”,这由在设计阶段将Command的Caption属性分别设置为“计算”、“退出”来实现;标签框Label2用来显示运算结果,由Label1的Caption属性来实现。具体界面如图3-1所示。

步骤二:编写事件代码

根据实验要求,当程序运行时将出现如图3-2所示的输入界面。

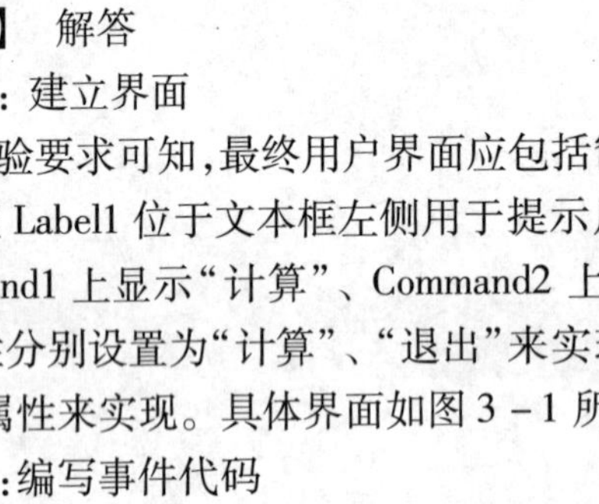

图3-1　【实验3-1】运行界面

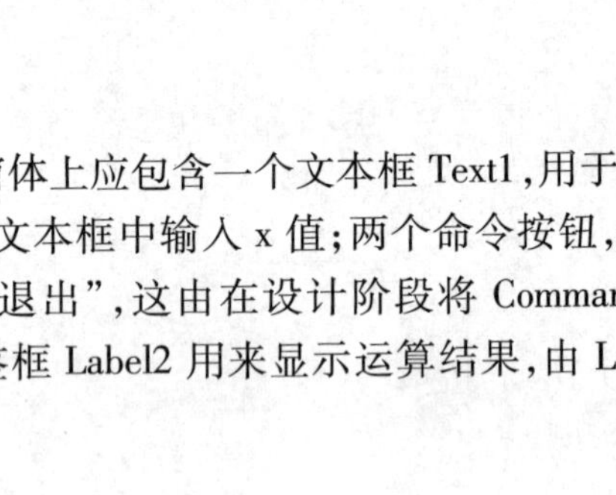

图3-2　【实验3-1】输入界面

当用户在文本框中输入自变量 x 的值后，单击命令按钮 Command1，根据输入的 x 值分段计算输出 y 值，并将 y 的值在标签框 Label2 上显示，所以相应的事件代码应添加到 Command1 的单击事件中；单击命令按钮 Command2 后结束程序运行。因此，程序运行时，将要触发命令按钮 Command1 和 Command2 的单击事件，事件代码应分别添加到两个命令按钮的单击事件过程中，即：

```
Private Sub Command1 _ Click( )
End Sub
Private Sub Command2 _ Click( )
End Sub
```

进一步分析，单击命令按钮 Command1，计算机将执行三个操作，即从文本框 Text1 中读取输入的 x 值（即读取 Text1. Text 值到变量 x 中）；判断 x 的分段情况并计算 y 值（使用 If 结构，其中 If 的条件判断部分就是分段函数的 x 分段）；按照实验要求在标签框输出 y 值（即 Label1. Caption = Str(y)），运行界面如图 3 – 3 所示。

当单击【退出】按钮时，程序运行结束。整个程序的代码窗口如图 3 – 4 所示。

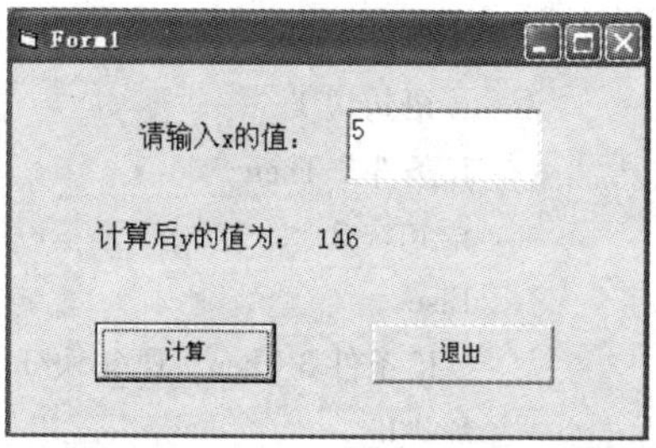

图 3 – 3　【实验 3 – 1】运行结果界面

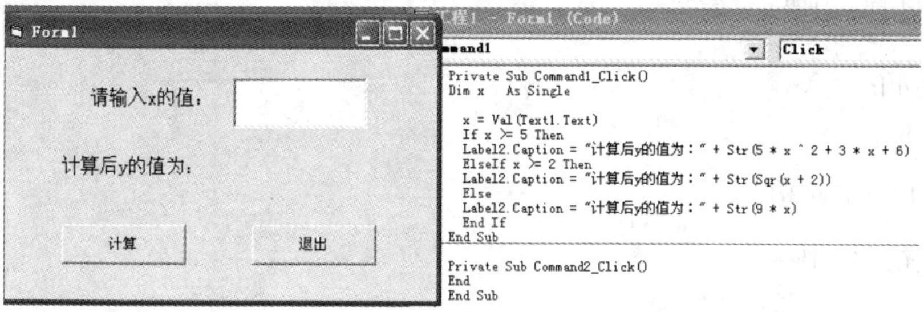

图 3 – 4　【实验 3 – 1】代码窗口

完整的程序代码如下所示：

```
Private Sub Command1 _ Click( )
Dim x    As Single
x = Val(Text1. Text)
  If x  >=  5 Then
  Label2. Caption = "计算后 y 的值为:"  + Str(5 * x ^ 2 + 3 * x + 6)
  Else If x  >= 2 Then
  Label2. Caption = "计算后 y 的值为:"  + Str(Sqr(x + 2))
  Else
  Label2. Caption = "计算后 y 的值为:"  + Str(9 * x)
  End If
End Sub

Private Sub Command2 _ Click( )
End
```

```
End Sub
```

本实验有以下两个知识点要重点练习。

(1) 运算符和表达式的书写

① 算术运算符:乘方^、乘法 *、除法/、整除\、求模数 Mod(求余数)、加法 +、减法取负 -。

② 关系运算符:小于 <、小于等于 < =、大于 >、大于等于 > =、等于 =、不等于 < >。

③ 逻辑运算符:非 Not,与 And,或 Or。

(2) If 嵌套结构的应用

格式一:If 嵌套

```
If 条件 1 Then
  语句块 1
If 条件 2 Then
语句块 2
Else
  If 条件 3 Then  语句块 3  Else  语句块 4
End If
Else
  If 条件 5 Then
      语句块 5
  End If
End If
```

格式二:Else If 结构

```
If  条件 1  Then
            语句块 1
   Else If  条件 2  Then
            语句块 2
     ...
   Else If  条件 n  Then
            语句块 n
   [Else
            语句块 n + 1]
   End If
```

【实验 3 -2】 创建一个 VB 程序,程序应完成如下功能:输入 30 个学生的成绩,统计各个分数段的学生人数,并显示统计结果;建立一个窗口,窗体上包含一个命令按钮,命令按钮上显示"显示统计结果",四个标签框用于提示文本框的四个分数段(60 分以下、60 到 75 分、76 到 90 分、90 分以上),四个文本框用于显示各个分数段的学生人数;程序运行时,用户单击命令按钮会弹出一个输入对话框 Inputbox 提示用户输入学生成绩,成绩全部输入后,统计结果会在文本框显示。

【实验 3 -2】 解答

步骤一:建立界面

分析实验要求可知，最终用户界面应包括窗体，窗体上应包含四个标签框用于提示文本框的四个分数段（60 分以下、60 到 75 分、76 到 90 分、90 分以上），这可在设计阶段通过设置 Label 的 Caption 属性实现；相应的四个文本框用于显示统计所得各个分数段学生人数（用户的输入值将体现在 Text1 的 Text 属性之中）；命令按钮 Command1，其上显示“显示统计结果”；Command2 为“退出”功能按钮，这可在设计阶段通过设置 Command 的 Caption 属性实现。设计界面如图 3－5 所示。

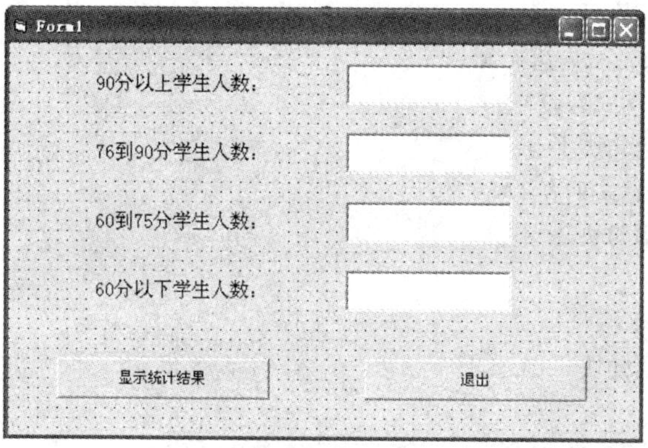

图 3－5　【实验 3－2】设计界面

步骤二：编写事件代码

根据实验要求分析可知，程序运行时用户将会单击命令按钮 Command1、Command2，所以事件代码应添加到命令按钮的单击事件过程中，即

```
Private Sub Command1_Click()
End Sub
Private Sub Command2_Click()
End Sub
```

进一步分析可知，当程序运行时，用户单击命令按钮 Command1，将出现如图 3－6 所示的运行输入界面。

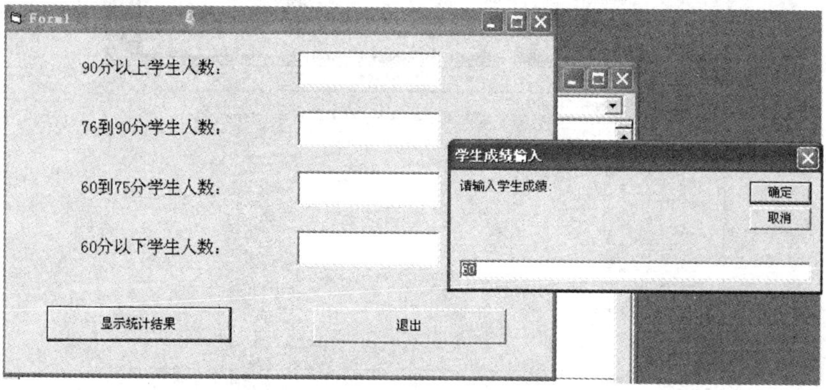

图 3－6　【实验 3－2】输入界面

命令按钮 Command1 被单击后计算机将执行三个操作：输入部分采用函数 inputbox( )，分段情况处理部分采用多分支选择结构 Select Case；输出采用 Text 文本框。其中涉及的知识点如下。

(1) InputBox 函数

```
X = InputBox("参数一","参数二","参数三")
```

(2) 情况选择结构格式

```
Select  Case   <测试表达式>
     Case   <表达式列表 1>
              < 语句块 1 >
     Case   <表达式列表 2>
              < 语句块 2 >
     ...
    [Case    Else
              < 语句块 n+1 >]
End Select
```

(3) 标签框输出使用的代码

```
Label1. Caption = str(Y)
```

具体的代码窗口如图 3-7 所示。

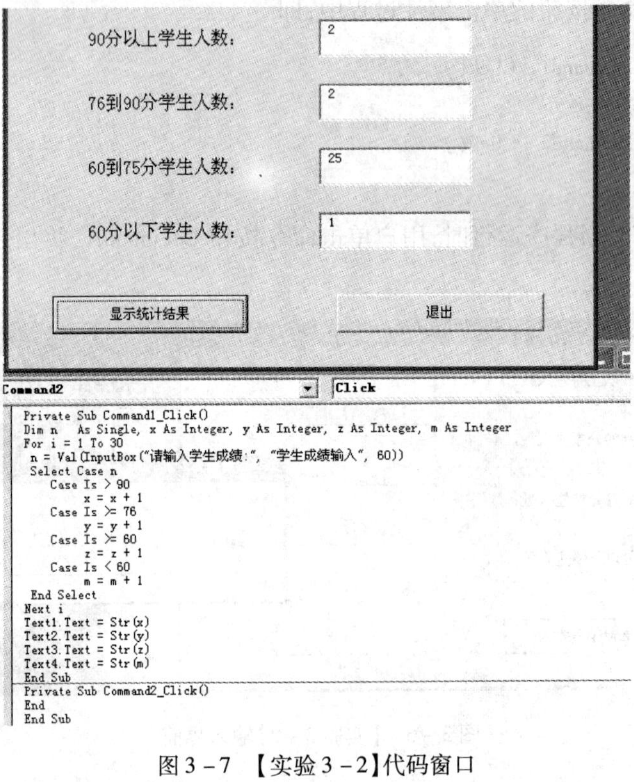

图 3-7 【实验 3-2】代码窗口

完整程序代码如下所示：

```
Private Sub Command1 _ Click( )
Dim n    As Single, x As Integer, y As Integer, z As Integer, m As Integer
For i = 1 To 30
n = Val( InputBox( "请输入学生成绩:" , "学生成绩输入" , 60) )
Select Case n
    Case Is > 90                    '成绩为 90 分以上的情况
        x = x + 1
    Case Is  >= 76                  '成绩为 76 到 90 的情况
        y = y + 1
    Case Is  >= 60                  '成绩为 60 到 75 的情况
        z = z + 1
    Case Is  <  60                  '成绩为 60 分以下的情况
        m = m + 1
  End Select
Next i
Text1. Text = Str( x)
Text2. Text = Str( y)
Text3. Text = Str( z)
Text4. Text = Str( m)
End Sub
Private Sub Command2 _ Click( )
End
End Sub
```

本实验涉及的知识点总结如下。

（1）赋值语句

<变量名>= <表达式>

[<对象名 . >] <属性名>= <表达式>

（2）输入数据

① 利用文本框：

```
X = Text1. text
```

② 利用 InputBox( ) 函数：

```
X = InputBox(“请输入一个数:”)
```

（3）输出数据

① 利用 Print( ) 方法：

[<对象名 . >] Print [<表达式> [,| ;[<表达式>]…]]

② 利用文本框：

```
Text1. Text  = str( Y)
```

③ 利用标签框：

```
Label1. Caption = str( Y)
```

④ 利用 MsgBox 函数：

```
MsgBox "别忘了要考试啦!"
```

(4)其他常用语句

清除语句：

```
对象名 . Cls
```

程序结束语句：

```
End
```

注释语句：

```
Rem  或'
```

【实验3－3】 创建一个 VB 程序，程序应完成如下功能：求 20 个正整数中的偶数之和。

【实验3－3】 解答

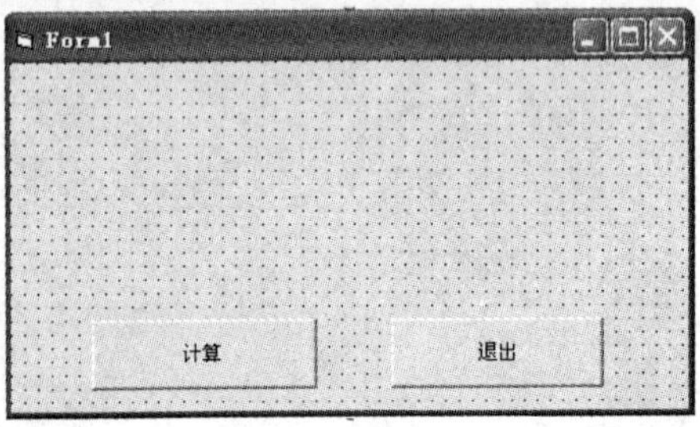

图 3－8 【实验 3－3】设计界面

步骤一：建立界面

分析实验要求可知，最终用户界面应包括窗体，窗体上应包含两个命令按钮 Command1 和 Command2，Command1 上显示“计算”，Command2 上显示“退出”，应由 Command 的 Caption 属性实现，格式为：对象名．属性名＝属性值。其设计界面如图 3－8 所示。

步骤二：编写事件代码

根据实验要求，程序运行时用户会单击命令按钮 Command1 和 Command2，所以事件代码应添加到命令按钮的单击事件中，即：

```
Private Sub Command1 _ Click( )
End Sub
Private Sub Command2 _ Click( )
End Sub
```

进一步分析可知，当程序运行单击命令按钮 Command1 时，将出现如图 3－9 所示的运行输入界面。

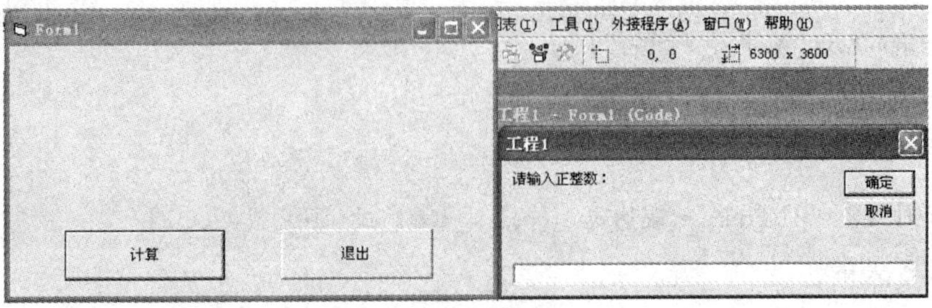

图 3－9 【实验 3－3】输入界面

再进一步分析可知,单击命令按钮 Command1 后,计算机会执行三个操作:调出输入对话框 Inputbox 等待用户输入,将用户的输入值存储于变量 x 中;对输入值进行判断,如果输入的数是偶数,则累加入变量 s 中;按实验要求在窗体上用 Print( )方法输出累加的偶数和。

因此考虑用 For 循环完成输入并将输入值存于 x 中,并且对输入的数据及时判断是否为偶数,视情况处理进行累加等步骤的循环调用。代码窗口如图 3-10 所示。

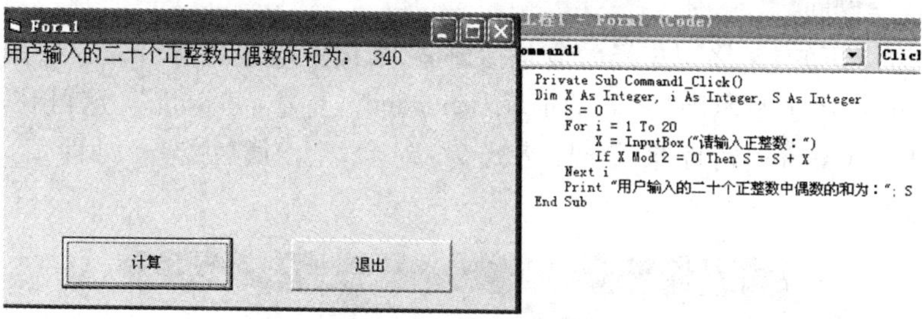

图 3-10 【实验 3-3】代码窗口

完整的程序代码如下所示:

```
Private Sub Command1 _ Click( )
Dim X As Integer, i As Integer, S As Integer
    S =0
    For i =1 To 20
        X = InputBox( "请输入正整数:" )
        If X Mod 2 =0 Then S =S + X
    Next i
    Print "用户输入的二十个正整数中偶数的和为:" ; S
End Sub

Private Sub Command2 _ Click( )
End
End Sub
```

本实验重点练习的知识点为 For 循环结构,格式如下:

```
FOR  <控制变量 X >= <初值 e1 > To  <终值 e2 >[STEP <步长 e3 >]
          循环体
NEXT <控制变量 X >
```

由于计算存储的特点是对同一个变量(如 x),后一个赋值将覆盖前一个值,即,如执行了 x =3,x =5 之后,x 的值为 5。因此本实验如果使用如上所示的代码,对每次输入的正整数应及时判断奇偶,偶数计入累加和 S。

```
For i =1 To 20
        X = InputBox( "请输入正整数:" )
        If X Mod 2 =0 Then S =S + X
Next i
```

【实验 3 -4】 创建一个 VB 程序,程序应完成如下功能:用近似公式求自然对数的底数 e 的值,要求计算结果的误差小于 10^{-6}。

$$e \approx 1 + \frac{1}{1!} + \frac{1}{2!} + \frac{1}{3!} + \frac{1}{4!} + \frac{1}{5!} + \cdots$$

【实验 3 -4】 解答

步骤一:建立界面

分析实验要求可知,最终用户界面应包括窗体,窗体上应包含两个命令按钮 Command1 和 command2,Command1 上显示"计算 e 的值",Command2 上显示"退出",这可在设计阶段通过设置 Command 的 Caption 属性来实现,格式为:对象名 . 属性名 = 属性值。其设计界面如图 3 -11 所示。

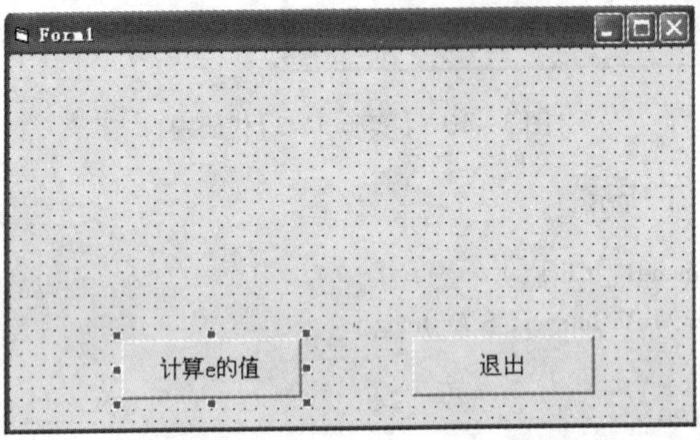

图 3 -11 【实验 3 -4】设计界面

步骤二:编写事件代码

根据实验要求分析可知,程序运行时,可能会触发的事件为 Command1、Command2 按钮的单击事件,相应的事件代码应添加到命令按钮的单击事件中,即:

```
Private Sub Command1 _ Click( )
End Sub
Private Sub Command2 _ Click( )
End Sub
```

当程序运行时,用户单击命令按钮 Command1,将出现如图 3 -12 所示的运行界面。

图 3 -12 【实验 3 -4】运行界面

进一步分析实验要求可知，当单击命令按钮 Command1 时，计算机将会用近似公式求自然对数的底数 e 的值，分析计算公式可知，这是一个用到循环的累加运算，可用累加的经典公式“s = s + 通项式”的形式；另外本实验的通项可总结为 t = t * 1/i(因为 1/i! = (1/i)!)；要求计算结果的误差小于 10^{-6}，即为循环结束的条件，当用 Do While 结构时，该条件取反就是循环的执行条件。整个程序的代码窗口如图 3 - 13 所示。

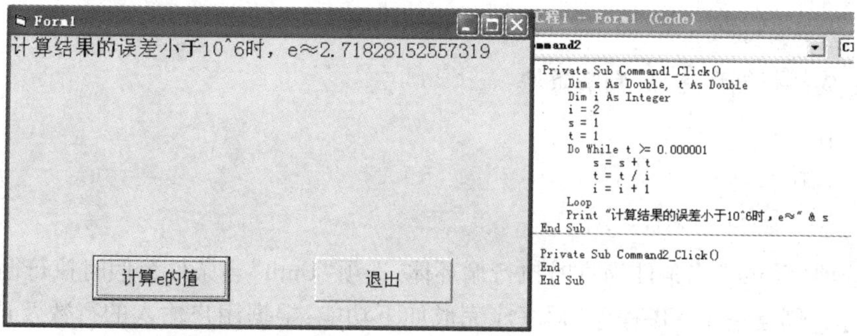

图 3 - 13　【实验 3 - 4】代码窗口

完整的程序代码如下所示：

```
Private Sub Command1 _ Click( )
    Dim s As Double, t As Double
    Dim i As Integer
    i = 2
    s = 1
    t = 1
    Do While t  >= 0. 000001
        s = s + t
        t = t/i
        i = i + 1
    Loop
    Print "计算结果的误差小于 10^6 时,e≈" & s
End Sub
Private Sub Command2 _ Click( )
End
End Sub
```

本实验重点练习的是 Do 循环结构，包括以下四种形式。

格式 1：先判断条件、后执行循环体

```
Do  [While <条件>]
循环体
Loop
```

格式 2：先判断条件、后执行循环体

```
Do [Until <条件>]
```

```
循环体
Loop
```

格式3：先执行循环体、后判断条件

```
Do
循环体
Loop [While <条件>]
```

格式4：先执行循环体、后判断条件

```
Do
循环体
Loop [Until <条件>]
```

其中：选项“While”当条件为真时执行循环体；选项“Until”当条件为假时执行循环体。

【实验3-5】 创建一个VB程序，程序应完成如下功能：根据用户输入的行数及选择的图形分别在窗体上显示指定了行数的正三角形或倒三角形。

【实验3-5】 解答

步骤一：建立界面

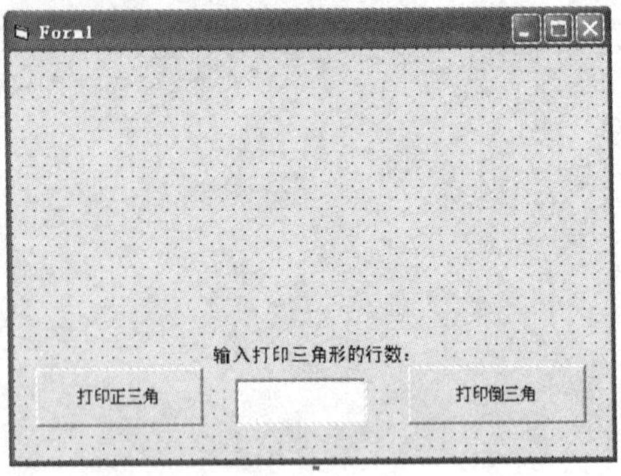

图3-14　【实验3-5】设计界面

分析实验要求可知，最终用户界面应包括窗体，窗体上应包含两个命令按钮 Command1 和 Command2，Command1 上显示“打印正三角”，Command2 上显示“打印倒三角”，这可在设计阶段通过设置 Command 命令按钮的 Caption 属性实现，格式为：对象名.属性名 = 属性值；为设计界面美观起见，在两个命令按钮中间设计包含用于提示作用的标签框 Label1，上面显示“输入打印三角形的行数：”，这可在设计阶段通过设置 Label1 的 Caption 属性实现，格式为：对象名.属性名 = 属性值，其下为用于用户输入行数的文本框 Text1。其设计界面如图3-14所示。

步骤二：编写事件代码

根据实验要求，当程序运行时可能发生的事件为按钮单击事件，所以相应的事件代码应添加到命令按钮的单击事件中，即：

```
Private Sub Command1 _ Click( )
End Sub
Private Sub Command2 _ Click( )
End Sub
```

进一步分析，程序运行时单击命令按钮 Command1，将出现如图3-15所示的运行输入界面，用户将输入要显示的三角形的行数。

进一步分析，两个命令按钮被单击时计算机应该进行相应的处理。当单击按钮 Command1 时，在窗体上显示星号“ * ”堆成的正三角形，如图3-16所示。

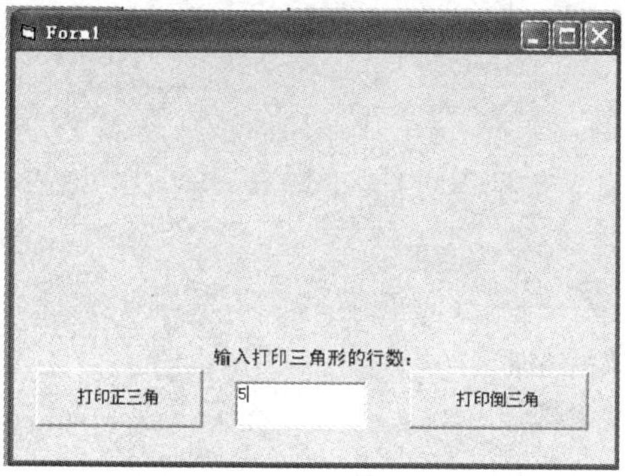

图 3 – 15　【实验 3 – 5】运行输入界面

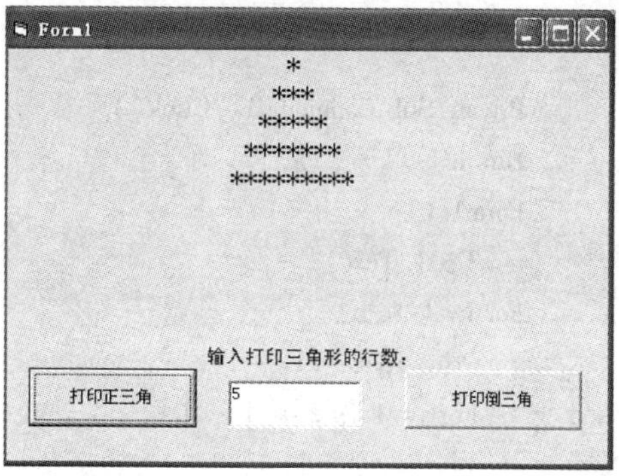

图 3 – 16　正三角的结果显示界面

当单击按钮 Command2 时，在窗体上显示星号“ * ”堆成的倒三角形，如图 3 – 17 所示。

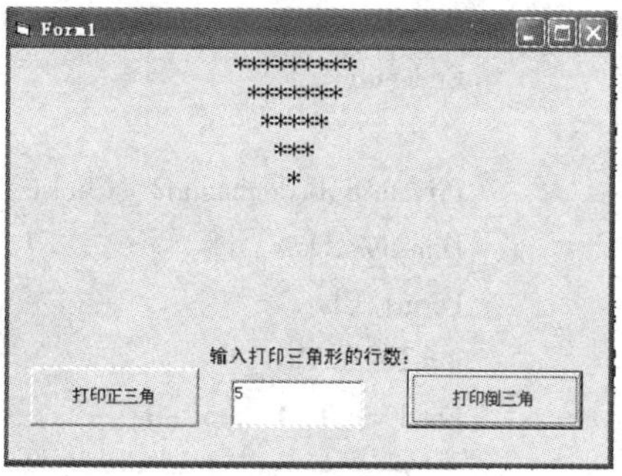

图 3 – 17　倒三角的结果显示界面

那么怎样在窗体上显示出倒三角的图形呢？具体有以下三个步骤。

（1）输出空格

经查可用内部函数 Space(n)实现输出 n 个空格；但应注意的是，输出正三角形时，空格的输出应是先多后少，递减顺序为每行少一个空格输出。而输出倒三角形时，空格的输出应是先少后多，递增顺序为每行多一个空格输出。

（2）输出若干个星号

本实验所提供的参考代码采用的是用 For 循环输出星号的方法，由循环控制变量的终值来控制星号的输出数量。这里要注意的是，要想使输出形式为三角形，星号的输出数量应为 1,3,5,7,…,2 × i – 1 的规律，即输出为正三角形时，应为 1,3,5,7,…,2 × i – 1 递增变化；即输出为倒三角形时为 2 × i – 1,…,7,5,3,1 递减变化。

（3）换行

由 Print( )方法实现。

整个程序的代码窗口如图 3 – 18 所示。

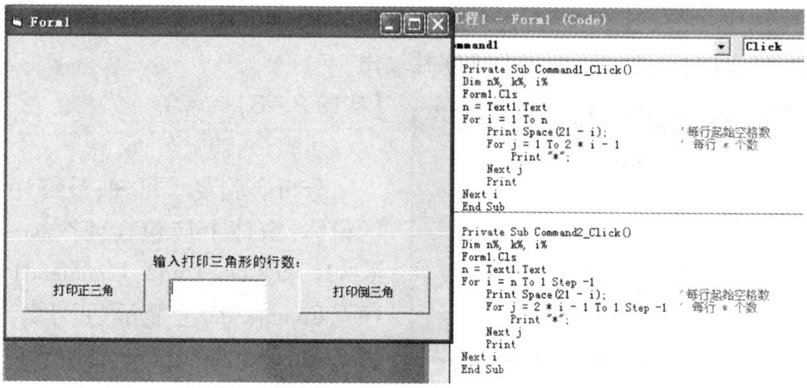

图 3 – 18　【实验 3 – 5】代码窗口

完整的程序代码如下所示：

```
Private Sub Command1_Click()            '正三角
Dim n%, k%, i%
Form1.Cls
n = Text1.Text
For i = 1 To n
    Print Space(21 - i);                '每行起始空格数
    For j = 1 To 2 * i - 1              '每行 * 个数
        Print "*";
    Next j
    Print
Next i
End Sub

Private Sub Command2_Click()            '倒三角
Dim n%, k%, i%
Form1.Cls
n = Text1.Text
For i = n To 1 Step -1
    Print Space(21 - i);                '每行起始空格数
    For j = 2 * i - 1 To 1 Step -1      '每行 * 个数
        Print "*";
    Next j
    Print
Next i
End Sub
```

注意：上述所说的输出显示三角形的三个步骤是针对以上代码总结的，读者可考虑用其他的方法；比如第(1)步可以用内部函数 Tab(n)，从第 n 列起输出来实现和 Space(n)可实现输出 n 个空格类同的功效；第(2)步可以用内部函数 String(n,"字符")来输出星号，这样第(3)步就可以省略了。

【实验 3-6】 创建一个 VB 程序，程序应完成如下功能：用随机函数产生 10 个三位整数，然后用选择法排序后将它们按值从小到大排序并输出。

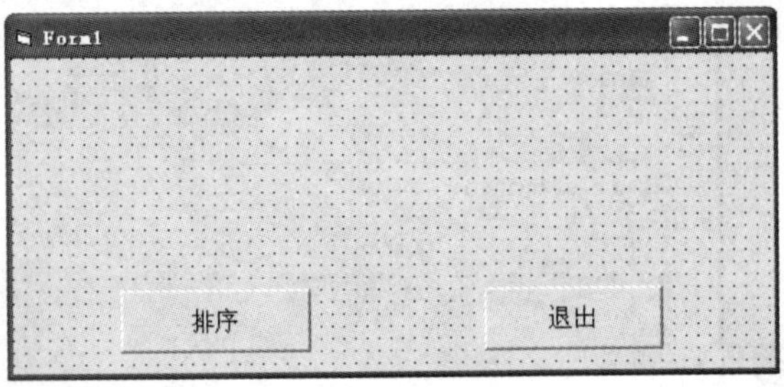

图 3-19 【实验 3-6】设计界面

【实验 3-6】 解答

步骤一：建立界面

分析实验要求可知，最终用户界面应包括窗体，窗体上应包含两个命令按钮 Command1 和 Command2，Command1 上显示“排序”，Command2 上显示“退出”，这可通过设置 Command 的 Caption 属性实现，格式为：对象名. 属性名 = 属性值。运行界面如

图3－19 所示。

步骤二:编写事件代码

根据实验要求,当程序运行时,要触发的事件为单击按钮事件,所以事件代码应添加到命令按钮的单击事件中,即:

```
Private Sub Command1 _ Click( )
End Sub
Private Sub Command2 _ Click( )
End Sub
```

进一步分析可知,当程序运行时,单击命令按钮 Command1,将出现如图 3－20 所示的运行界面。

图 3－20 【实验 3－6】运行界面

单击命令按钮 Command1 时,应该先产生未排序的 10 个三位正整数。此处可考虑使用内部函数随机函数,生成区间[a,b]上的正整数的公式为 Int(Rnd ＊ (b－a＋1))＋a,三位正整数的区间为[100,999],所以生成公式为 Int(Rnd ＊ 900)＋100。再使用选择法将它们按值从小到大排序并输出。选择法排序思路如下。

① N 个数经过 N－1 次排序后一定有序。

② 选择法排序算法如下:

```
For  i=1  to  n -1
      找出 a(i) ~ a(n) 间最小的数组元素下标  k
      交换 a(i) 与 a(k)
  Next  i
```

其中,找出 a(i)～a(n)之间值最小数组元素下标 k 的程序段为:

```
k=i '假设下标为 i 的元素值最小
For  j=i +1  to  N
    If  a(j) < a(k)  then  k=j
Next  j
```

该实验的运行结果界面及代码窗口如图 5－21 所示。

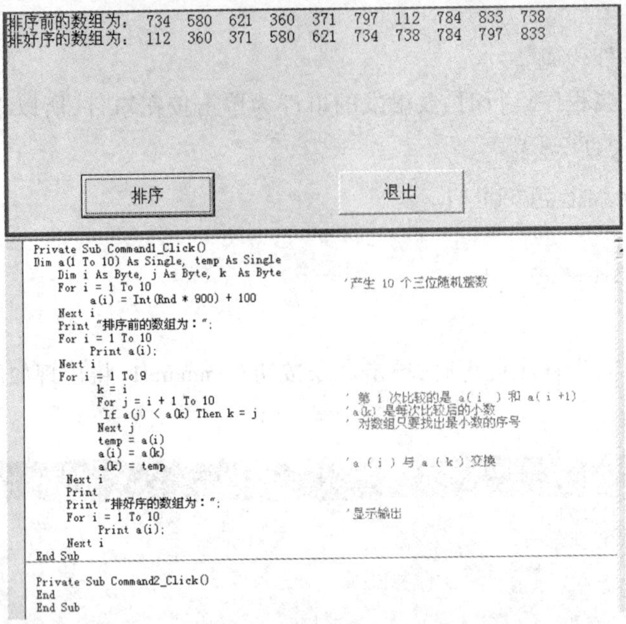

图 3 - 21 【实验 3 - 6】运行结果界面及代码窗口

完整的程序代码如下所示：

```
Private Sub Command1 _ Click( )
Dim a(1 To 10) As Single, temp As Single
Dim i As Byte, j As Byte, k  As Byte
For i = 1 To 10                         '产生 10 个三位随机整数
    a(i) = Int(Rnd * 900) + 100
Next i
Print "排序前的数组为:";
For i = 1 To 10
    Print a(i);
Next i
For i = 1 To 9
   k = i
   For j = i + 1 To 10                   '第 1 次比较的是 a( i  ) 和 a( i +1)
        If a(j) < a(k) Then k = j       'a(k) 是每次比较后的小数
     Next j                             ' 对数组只要找出最小数的序号
     temp = a(i)
     a(i) = a(k)
     a(k) = temp                        'a ( i ) 与 a ( k ) 交换
Next i
Print
Print "排好序的数组为:";
For i = 1 To 10                         '显示输出
     Print a(i);
```

```
Next i
End Sub

Private Sub Command2 _ Click( )
End
End Sub
```

本实验涉及的知识点主要有以下两个。

第一个知识点为数组。

数组的声明格式为:

<说明符> < 变量名>(<下标>) [As <类型>],

例如:

```
Dim  A (5)  As  Integer
Dim  A (1 to 5)  As  Integer
Dim  s ( 1 to 3, 1 to 4 )  As  Integer
```

数组元素的引用有两种。

引用一维数组元素:

数组名(<下标表达式>)

引用二维数组元素:

数组名(<下标表达式 1>, <下标表达式 2>)

例如:

t = A(5) :s = B(3,4)

第二个知识点为选择法排序算法,具体算法如前所示。

小结

本实验主要内容为:通过具体实例对 If 结构、Select Case 选择结构的使用,实现循环的 For Next 结构、Do Loop 结构的使用及选择的嵌套结构、多重循环进行了专项练习。并且在最后一个实验结合经典的排序算法对数组的定义和使用进行综合讲解。

内容难点为:选择的嵌套、多重循环结构及程序设计中的一些常用的算法(如累加、阶乘、排序等)。

内容重点为:选择结构 if 结构、Select Case 情况选择结构的使用;循环结构 For Next 结构、Do Loop 结构的实现及其应用;掌握一维、二维数组(包括动态数组)的定义和使用。

课后实验(要求读者参见上述实例独立完成)

1. 创建一个 VB 程序,程序应完成如下功能:计算分段函数的值并显示结果;要求 x 的值由输入对话框 Inputbox 输入,y 的值由标签框输出(具体公式见 3 - 2)。其界面如图 3 - 22 和图 3 - 23 所示。

$$f(x)=\begin{cases}x^3+53x+3^x & x<5\\ \sqrt{x-2}+\sin(x) & x\geqslant 5\end{cases}\qquad(3-2)$$

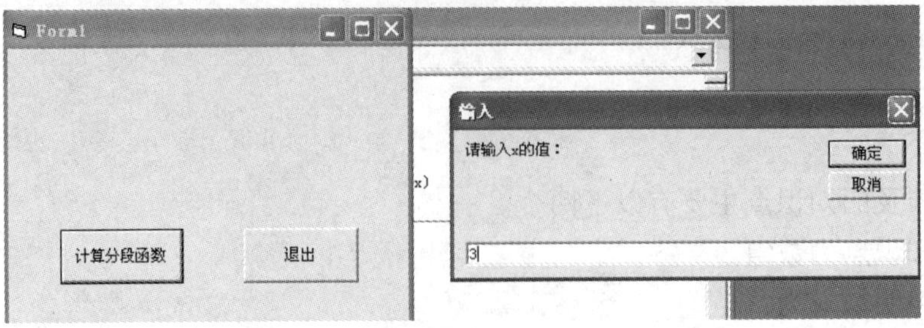

图 3－22 习题 1 输入界面

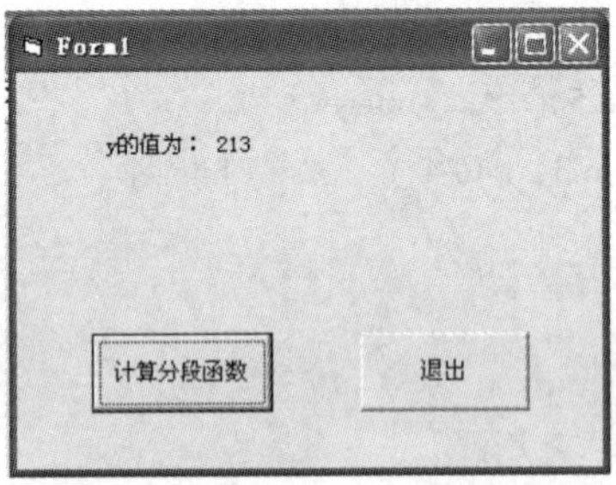

图 3－23 习题 1 结果界面

2. 创建一个 VB 程序,程序应完成如下功能:提示用户输入 10 个整数,判断这 10 个数除以 5 之后的余数情况,并且将判断结果显示在窗体上。其界面如图 3－24 和图 3－25 所示。

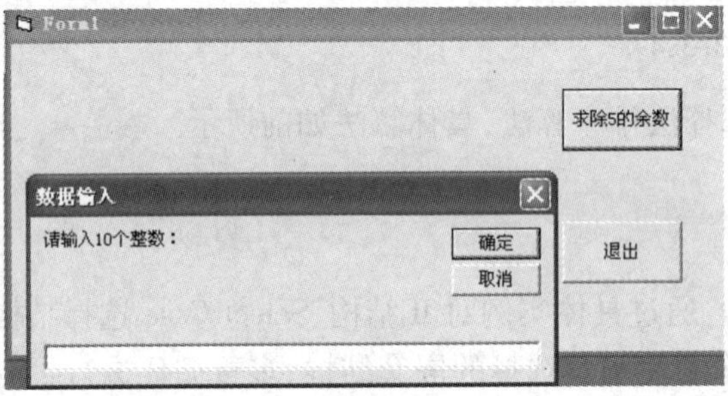

图 3－24 习题 2 输入界面

图 3－25 习题 2 运行结果界面

3. 创建一个 VB 程序,程序应完成如下功能:计算 1 +3 -5 +7 -9 +11 -13 +15 - ,…,99 及 1 +1/2 +1/5 +1/10 +1/17,…, +1/(n * n +1)的值,要求计算结果的误差小于 10^{-3},其界面如图 3 -26 所示。

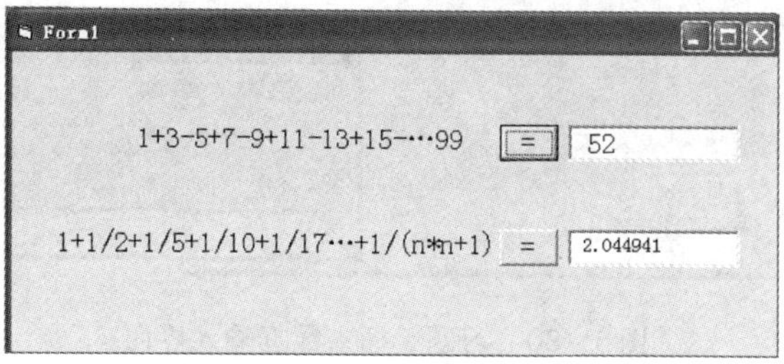

图 3 -26　习题 4 运行结果界面

4. 创建一个 VB 程序,程序应完成如下功能:用随机函数产生 15 个两位整数,然后用选择法排序后将它们按值从大到小排序并输出。其界面如图 3 -27 所示。

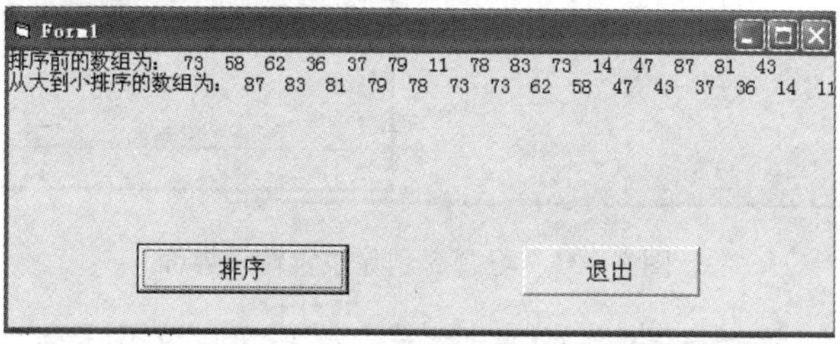

图 3 -27　习题 4 运行结果界面

5. 创建一个 VB 程序,程序应完成如下功能:定义一个数组,并对数组中前 6 个元素赋初值,设置两个命令按钮 Command1 和 Command2,要求单击 Command1 时实现数组的插入,但插入位置只要求插入到已经赋值的前 6 个中间或者插入到已有值的数组元素的末尾;单击 Command2 时实现选定位置数组元素的删除。其界面如图 3 -28 ~ 图 3 -32 所示。

图 3 -28　习题 5 数组初始化输入界面

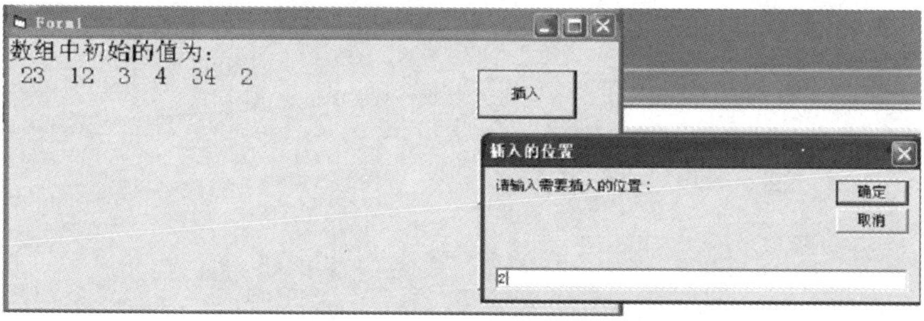

图 3 -29　习题 5 插入位置输入界面

图 3－30 习题 5 插入数据输入界面

图 3－31 习题 5 删除位置输入界面

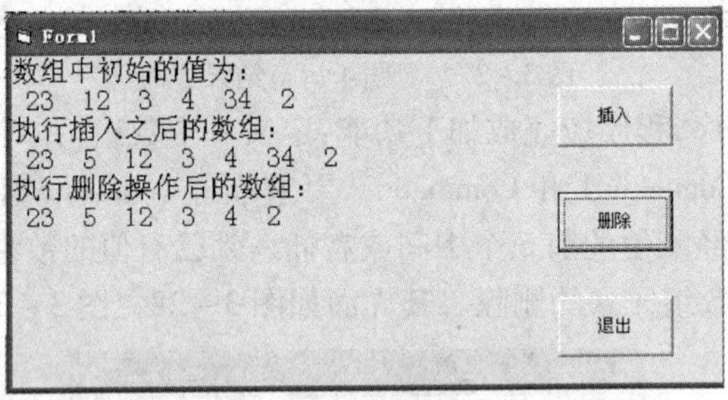

图 3－32 习题 5 总输出结果界面

实验4　函数与过程

4.1　实验目的

1. 熟练掌握子程序、函数过程设计
2. 熟练掌握参数传递的方法

4.2　实验内容与指导

【实验4－1】　创建一个 VB 程序，程序应完成如下功能：先调用输入对话框 Inputbox 提示用户从键盘输入10个正数存入数组（若输入负数应重新输入），然后建立一个名叫 Average 的 Function 函数实现计算算术平均值的功能，在单击命令按钮时调用 Average 实现计算该数组所有元素的平均值的功能，并且将结果用消息对话框 Msgbox 显示输出。

【实验4－1】　解答

步骤一：建立界面

分析实验要求可知，最终用户界面应包括窗体，窗体上应包含标签框 Label1 用于丰富用户界面的布局，这可在设计阶段将 Label1 的 Caption 属性设置为"本实验练习函数的定义和调用及 Msgbox 作输出用！"来实现；另外考虑在窗体上添加两个命令按钮 Command1、Command2，其中 Command1 来实现实验要求的调用 Average 实现计算该数组所有元素的平均值的功能，并且将结果用消息对话框 Msgbox 显示输出；Command2 用来实现程序的运行结束功能。

程序的设计界面如图4－1所示。

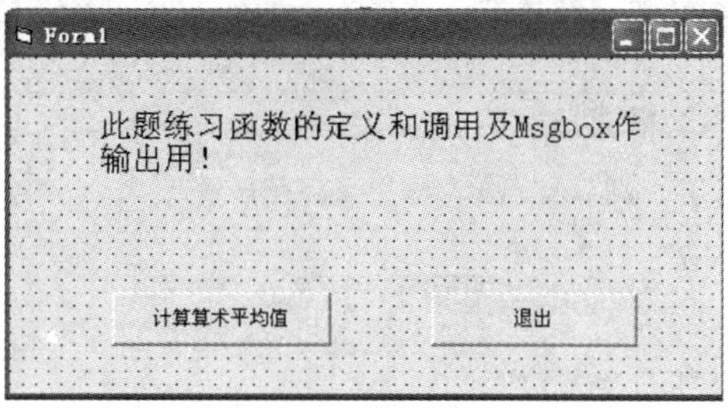

图4－1　【实验4－1】设计界面

步骤二：编写事件代码

根据实验要求，当程序运行时，可能发生的事件为单击按钮 Command1、Command2 事件，所以事件代码应添加到命令按钮的单击事件中，即：

```
Private Sub Command1_Click( )
End Sub
```

```
Private Sub Command2_Click( )
  End Sub
```

进一步分析,程序运行时,单击命令按钮 Command1,将出现如图 4-2 所示的运行输入界面。

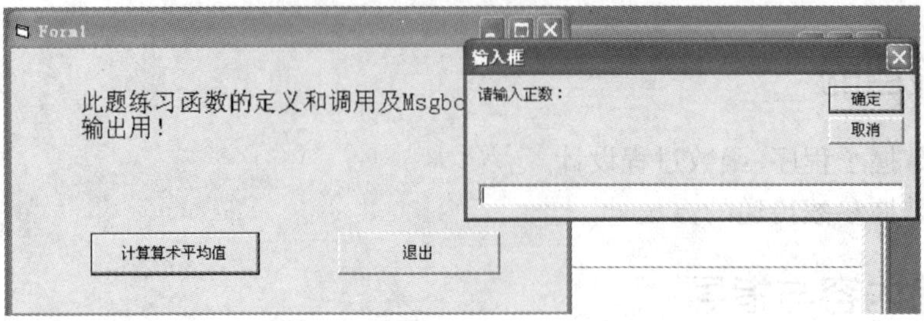

图 4-2 【实验 4-1】运行输入界面

进一步具体分析,单击两个命令按钮时计算机的具体操作,当单击命令按钮 Command1 并出现如图 4-2 所示界面时,用户会按照提示在输入框中输入 10 个正数,之后对用户输入的数据进行求平均值的计算并由消息对话框 Msgbox 输出,输出结果及代码窗口界面如图 4-3 所示。

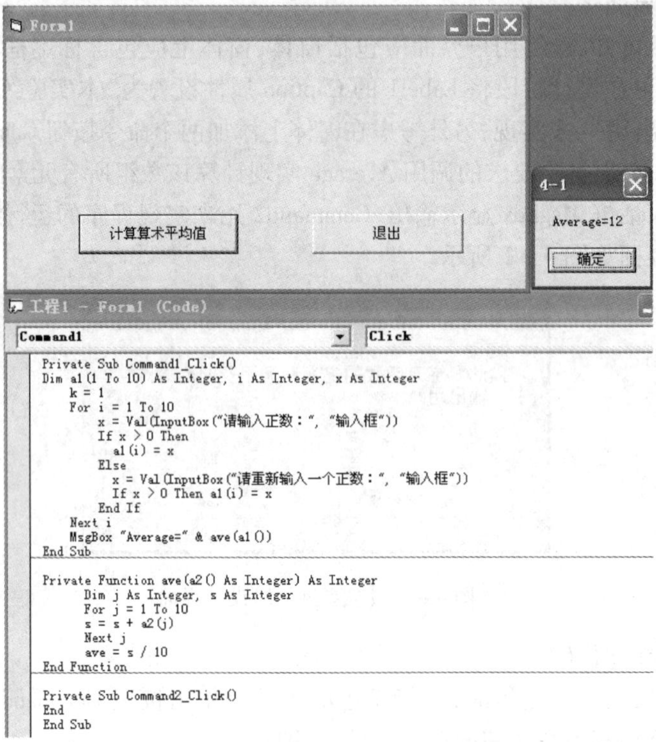

图 4-3 【实验 4-1】输出结果及代码窗口界面

具体分析计算机应进行两个步骤的操作。

① 定义一个函数实现计算该数组所有元素的平均值的功能:将数组中元素相加之后除以 10 求平均值。

② 编写用户单击 Command1 时的事件代码，首先要注意，对于将要用到的数组应先定义后使用；其次应判断用户输入的数据是否为正数，对此可考虑对用户输入的 10 个数据用 if 结构进行判断。如果输入错误，即 x < 0 则重新调用输入框 Inputbox 提醒用户重新输入一个正数；最后调用 ave 函数求平均值，输出结果用消息对话框 Msgbox 显示。

其中 Msgbox 的调用格式为：

```
n = MsgBox(" 提示信息",对话框类型,"对话框标实验")
```

对话框类型由三部分组成：图标样式表，默认按钮表和按钮样式表。

完整的程序代码如下所示：

```
Private Sub Command1_Click()
Dim a1(1 To 10) As Integer,i As Integer,x As Integer
    k = 1
    For i = 1 To 10
        x = Val(InputBox("请输入正数:","输入框"))
        If x > 0 Then
            a1(i) = x
        Else
            x = Val(InputBox("请重新输入一个正数:","输入框"))
            If x > 0 Then a1(i) = x
        End If
    Next i
    MsgBox "Average = " & ave(a1())
End Sub

Private Function ave(a2() As Integer) As Integer
      Dim j As Integer,s As Integer
      For j = 1 To 10
      s = s + a2(j)
      Next j
      ave = s / 10
End Function

Private Sub Command2_Click()
  End
End Sub
```

本实验主要练习函数的定义和调用，涉及的知识点如下。

① Function 函数体为实现某种运算的若干语句，其中至少应有 1 个赋值语句为函数名赋值，用于调用此函数过程时的返回值。

```
[Public|Private][Static]Function 函数名([形式参数表])[As <类型>]
<语句块>
<函数名> = <表达式>
```

```
[Exit Function]
    …
End Function
```

② 定义为 Public(默认属性)的过程,可被当前工程中其他窗体中的过程调用,调用格式为:

窗体名.函数名(实参列表)

③ 定义为 Private 的过程,只能被其所在窗体的过程调用。调用格式为:

函数名(实参列表)

④ 一般情况下,Function 过程可以像使用 VB 内部函数一样来调用:

函数名(实参列表)

调用后返回 1 个函数值。

Call 函数名(实参列表)调用

这样调用将得不到返回值。

调用时的参数为实参,定义时的参数为形参。

【实验 4-2】 创建一个 VB 程序,程序应完成如下功能:将实验 3-5 进行改造,即将显示倒三角和正三角的功能分别定义为两个名叫 dao 和 zheng 的 Sub 过程,建立主程序调用以上两个过程实现如下图形在窗体上的显示。

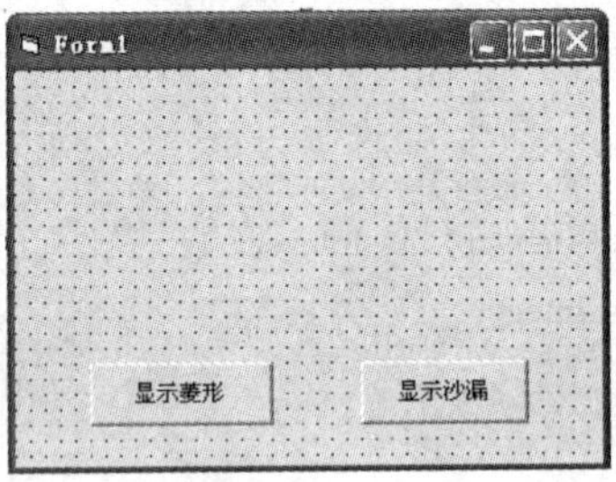

图 4-4 【实验 4-2】设计界面

【实验 4-2】解答

步骤一:建立界面

分析实验要求可知,最终用户界面应包括窗体,窗体上应包含两个命令按钮 Command1、Command2,其显示的字体由设计阶段将 Command 的 Caption 属性分别设置为“显示菱形”和“显示沙漏”来实现。

步骤二:编写事件代码

根据实验要求,当程序运行时,可能发生的事件为单击按钮 Command1、Command2 事件,所以事件代码应添加到命令按钮的单击事件中,即:

```
Private Sub Command1_Click()
End Sub
Private Sub Command2_Click()
```

```
End Sub
```

当单击命令按钮 Command1 时,将出现如图 4 - 5 所示的运行界面。

进一步具体分析,单击两个命令按钮时计算机应该完成的操作。单击按钮 Command1 时,应该在窗体上显示菱形,菱形可看作是由一正一倒两个三角形底部相连组成的。运行结果如图 4 - 6 所示。

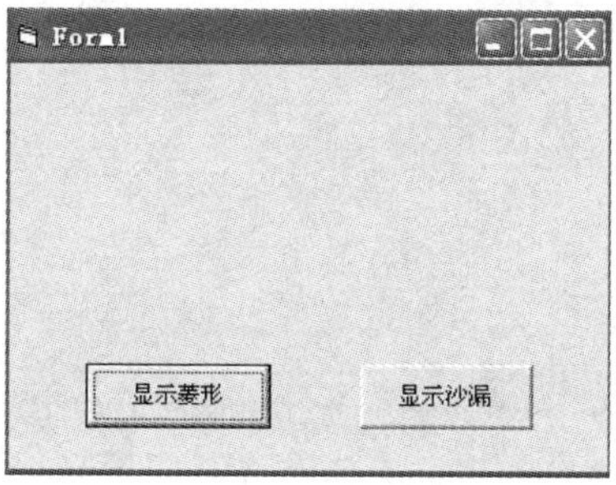

图 4 - 5 【实验 4 - 2】运行界面

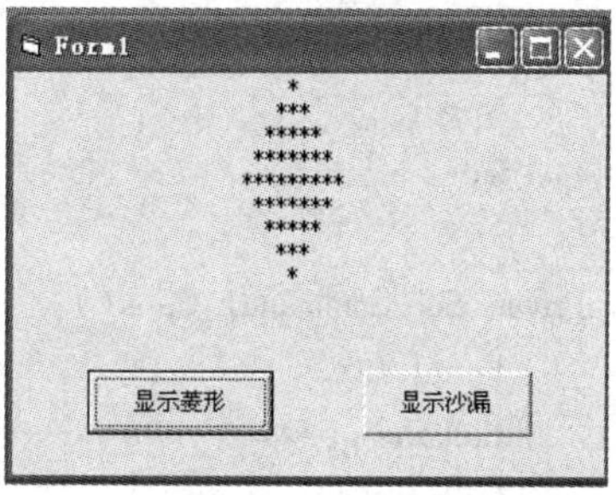

图 4 - 6 【实验 4 - 2】菱形输出界面

单击按钮 Command2 时,应该在窗体上显示沙漏,沙漏可看作是由一正一倒两个三角形顶端相对组成的。运行结果如图 4 - 7 所示。

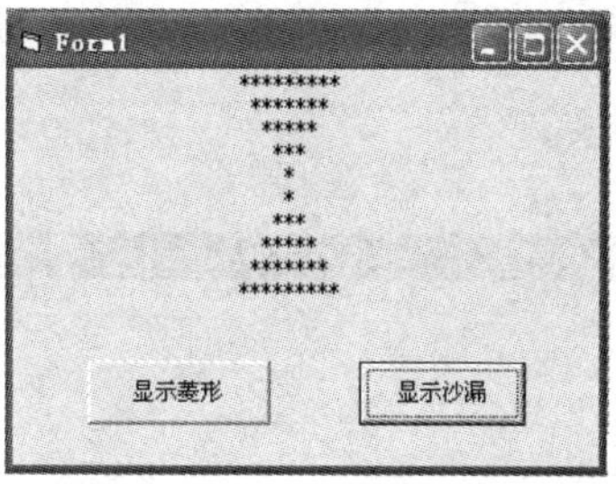

图 4 - 7 【实验 4 - 2】沙漏输出界面

所以可以定义两个 Sub 过程分别可完成正三角及倒三角在窗体上的显示,之后调用这两个过程来实现实验要求。

整个程序的运行及代码窗口如图 4 - 8 所示。

完整的程序代码如下所示:

```
Private Sub zheng(ByVal n)
Dim j% ,i%
For i = 1 To n
    Print Space(25 - i);            '每行起始空格数
    For j = 1 To 2 * i - 1          '每行 * 个数
        Print " * ";
    Next j
    Print
Next i
End Sub
Private Sub dao(ByVal n)
```

```
    Dim j% ,i%
    For i = n To 1 Step -1
        Print Space(25 - i);                  '每行起始空格数
        For j = 2 * i - 1 To 1 Step -1 '每行 * 个数
            Print " * ";
        Next j
        Print
    Next i
End Sub

Private Sub Command1_Click( )
    Form1. Cls
    Call zheng(5)
    Call dao(4)
End Sub

Private Sub Command2_Click( )
    Form1. Cls
    Call dao(5)
    Call zheng(5)
End Sub
```

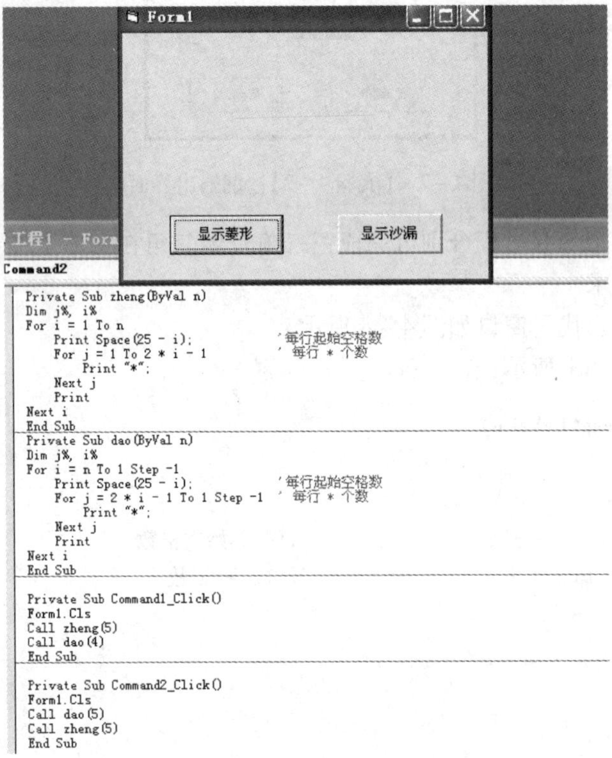

图 4-8 【实验 4-2】运行及代码窗口

本实验主要练习 Sub 过程的定义及调用,涉及的知识点如下。

(1) Sub 过程的定义格式

```
[ Public|Private ] [ Static] Sub <过程名> [(形参列表)]
SUB 过程体
End Sub
```

注意:

① Sub 过程的名不能被赋值,也没有返回值;

② 定义为 Private 的过程,只能被其所在窗体的过程调用;

③ 定义为 Public 的过程,可被其他窗体中的过程调用;

④ 关键字 Static 表示过程中所有局部变量都是静态变量。

(2) SUB 过程的调用格式

```
Call   过程名(实参列表)
过程名   实参列表
```

【实验4-3】 阅读以下 VB 程序,分析其运行后的结果,并请上机建立工程验证自己的分析是否正确。

```
Private Sub Command1_Click()
  Dim a1 As Integer,a2 As Integer
  a1 = 8
  a2 = 7
  Print "第一次调用函数";chuanzhi(a1,a2) + a1 ^ 2
  Print "第二次调用函数";chuanzhi(a1,a2) + a1 ^ 2
End Sub
Function chuanzhi(m As Integer,n As Integer) As Integer
      m = m + 3 * n
      chuanzhi = m
End Function

Private Sub Command2_Click()
  End
End Sub
```

【实验4-3】 解答

步骤一:读程序

首先阅读实验给出的程序。

本实验涉及的主要知识点为实参到形参的按地址传递方式。

调用过程时,实参向形参传递数据有传值和传址两种。

(1) 按值传递

形参声明处变量名前是“ByVal”,为按值传递。

① 实参是与形参同类型的表达式。

② 调用时,将实参表达式的值赋值给形参(传值)。

③ 过程(函数)中,形参变量值的改变不会影响到对应实参变量值的改变。

④ 实参的值复制一份给形参的存储单元。

⑤ 传值调用时,被调用的 Sub 过程中形参的任何变化对实参不会产生任何影响。

(2) 传址调用

Sub 过程定义中在形参前加 ByRef 就是传址调用,VB 中,过程调用时的默认方式是传址调用。

① 在传址调用方式下,形参名就像是实参的别名,它们对应同一内存空间。

② 过程调用时形参的变化就是实参的变化。

③ 过程调用后形参的值就是实参的值。

根据以上知识点可知,按地址传递时,形参的改变会影响到对应的实参值,所以阅读本实验时应重点注意这一点。

```
Print "第一次调用函数";chuanzhi(a1,a2) + a1^2
```

因为 a1 = 8,a2 = 7,所以此处 Chuanzhi(a1,a2),即 chuanzhi(8,7),用户自定义函数中的参数 m = 8,n = 7,所以运算后 m = m + 3 * n = 8 + 3 * 7 = 29。此时由于是传址调用,所以实参 a1 的值也变为 29,即 chuanzhi(a1,a2) + a1^2 中的 a1^2 应为 29^2 = 29 * 29 = 841,从而最终结果为 29 + 841 = 870。

```
Print "第二次调用函数";chuanzhi(a1,a2) + a1^2
```

因为第一次调用时是传址调用,形参 m 的改变就是实参 a1 的改变,所以 a1 的值也变为 29;从而第二次调用处 Chuanzhi(a1,a2),即 chuanzhi(29,7),用户自定义函数中的参数 m = 29,n = 7,所以运算后 m = m + 3 * n = 29 + 3 * 7 = 50。此时由于是传址调用,所以实参 a1 的值也变为 50,即 chuanzhi(a1,a2) + a1^2 中的 a1^2 应为 50^2 = 50 * 50 = 2500,从而最终结果为 50 + 2500 = 2550。

步骤二:建立界面

分析实验要求可知,最终用户界面应包括窗体,窗体上应包含两个命令按钮 Command1、Command2,如图 4-9 所示;其所显示的文字可在设计阶段将 Command 的 Caption 属性设置为"测试传址形参实参关系"、"退出"来实现。

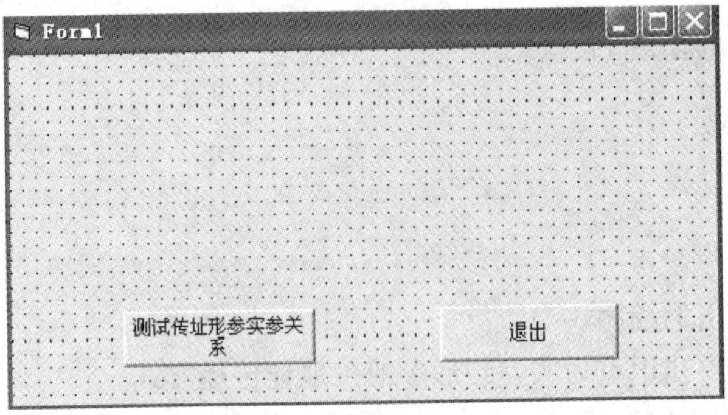

图 4-9 【实验 4-3】设计界面

根据实验要求,当程序运行时,单击命令按钮 Command1,将出现如图 4-10 所示的运行界面,并且运行结果正是分析所得的结果。

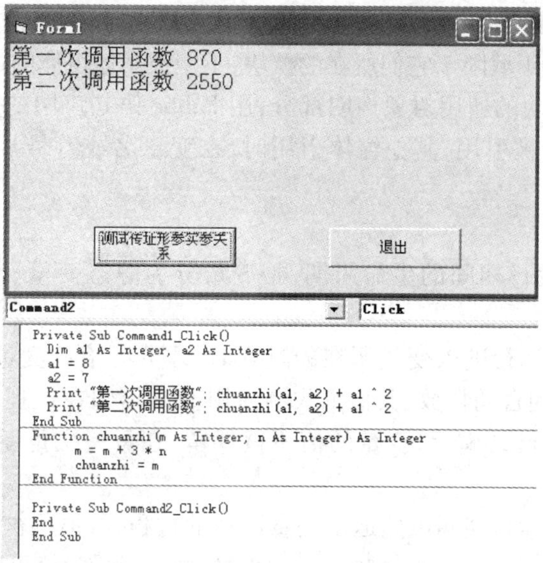

图 4-10 【实验 4-3】运行及代码窗口

【实验 4-4】 阅读以下 VB 程序，结合变量定义的作用域及动、静态变量的概念分析程序运行后的结果，并请上机建立工程验证自己的分析是否正确。

```
Dim m As Integer
Private Sub Command1_Click()
  Dim n As Integer
  m = m + 2
  n = n + 3
  Print "m = ";m;"n = ";n
End Sub

Private Sub Command2_Click()
  Static a As Integer
  Dim b As Integer
  b = 2 * b + 1
  a = b + 5 * a + 2
  Print "a = ";a;"b = ";b
End Sub
```

【实验 4-4】 解答

步骤一：读程序

首先阅读实验给出的程序。

从变量的作用空间来说，变量有作用域之分；从变量的作用时间来说，变量有生存期之分。

(1) 变量的作用域

① 局部变量：在事件、函数、Sub 过程中用 Dim 语句声明的变量是局部变量。局部变量的作用域限于它们所在的过程，不能被其他过程引用。

② 模块级变量:在模块的通用对象声明部分,用 Dim 或 Private 语句声明的变量是模块级变量。模块级变量的作用域限于它们所在的模块,不能被其他窗体的过程引用。

③ 全局变量:在模块的通用对象声明部分,用 Public 语句声明的变量是全局变量。全局变量可以在整个工程中被引用,其他窗体引用时,在变量名或符号常量名前,必须指出窗体名称。

(2) 变量的生存期

根据变量在程序运行期间的生命周期,把变量分为静态变量(Static)和动态变量(Dynamic)。

① 动态变量:程序运行进入变量所在的过程时,才分配给该变量内存空间,退出该过程时,变量所占的内存空间自动释放,其值消失。使用 Dim 语句在过程中声明的局部变量就属于动态变量,在过程执行结束后,变量的值不被保留,在每一次重新执行过程时,变量重新声明。

② 静态变量:程序运行期间虽然退出变量所在的过程,其值仍被保留的变量。即变量所占的内存空间没有释放。当以后再次进入该过程时,原来变量的值可以继续使用。

使用 Static 语句在过程中声明的局部变量就属于静态变量。静态变量只能在过程中声明,而不能在通用对象声明部分中声明。为使过程中所有的局部变量都为静态变量,可在过程头部加上关键字 Static。如:Private Static Sub aa(),这样在 Sub 过程 aa 中,无论用 Static、Dim 或 Private 声明的变量,还是隐式声明的变量,都成为静态变量。

根据以上知识点可知,本实验按钮 Command1 的单击事件中,变量 m 为模块级变量,作用域为窗体模块,所以 m 的值在命令按钮单击过程结束后还存在,即第一次单击命令按钮时 m = m + 2 = 0 + 2 = 2;第二次单击命令按钮时 m = m + 2 = 2 + 2 = 4…;而变量 n 为局部变量,n 的存储空间在命令按钮单击过程结束后释放,所以 n 的值将丢失,无论单击几次命令按钮,n 都是 n = n + 3 = 0 + 3 = 3。

本实验按钮 Command2 的单击事件中,变量 a 是静态变量,在程序运行期间虽然退出变量所在的过程 Command2 - click,其值仍被保留。当再次进入该过程时,原来变量的值可以继续使用。而变量 b 是动态变量,在程序运行进入变量所在的过程 Command2 - click 时,才分配给该变量内存空间,退出该过程时,变量所占的内存空间自动释放,其值消失。所以第一次单击命令按钮时,b = 2 * b + 1 = 2 * 0 + 1 = 1,a = b + 5 * a + 2 = 1 + 5 * 0 + 2 = 3;第二次单击命令按钮时,b 清零,a 为 3,b = 2 * b + 1 = 2 * 0 + 1 = 1,a = b + 5 * a + 2 = 1 + 5 * 3 + 2 = 18。

步骤二:建立界面

分析实验要求可知,最终用户界面应包括窗体,窗体上应包含两个命令按钮 Command1、Command2,其设计及代码窗口如图 4 - 11 所示。所显示的文字可在设计阶段将 Command 的 Caption 属性设置为"变量作用域"、"动态、静态变量"来实现。

根据实验要求,当程序运行时,单击命令按钮 Command1,将出现如图 4 - 12 所示的运行界面,并且运行结果正是分析所得的结果。

根据实验要求,当程序运行时,单击命令按钮 Command2,将出现如图 4 - 13 所示的运行界面,并且运行结果正是分析所得的结果。

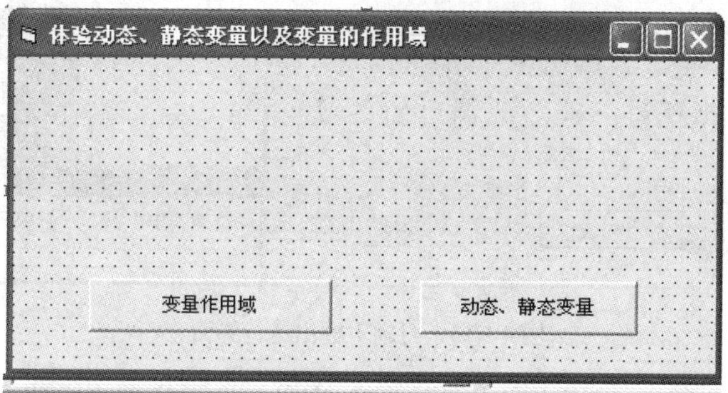


```
Dim m As Integer
Private Sub Command1_Click()
Dim n As Integer
m = m + 2
n = n + 3
Print "m="; m; "n="; n
End Sub

Private Sub Command2_Click()
Static a As Integer
Dim b As Integer
b = 2 * b + 1
a = b + 5 * a + 2
Print "a="; a; "b="; b
End Sub
```

图 4－11　【实验 4－4】设计及代码窗口

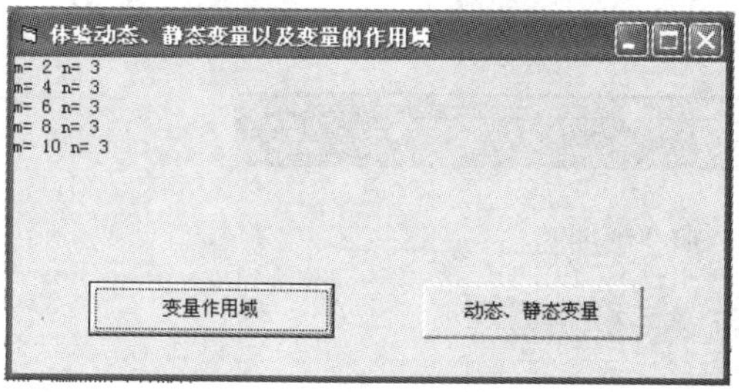

图 4－12　【实验 4－4】单击 Command1 的运行结果界面

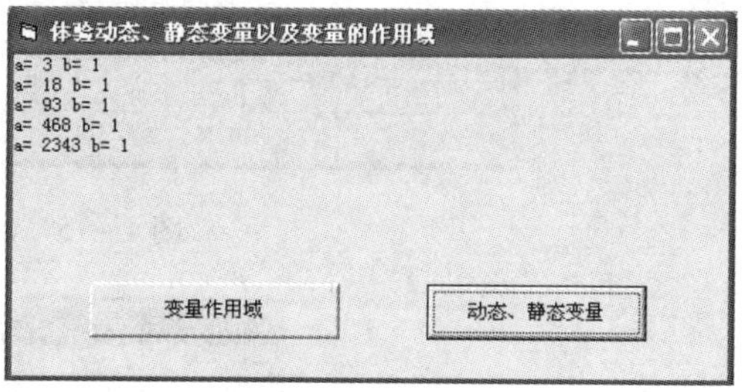

图 4－13　【实验 4－4】单击 Command2 的运行结果界面

小结

本章实验主要内容为：通过每个具体实例对 Sub 过程、函数过程的定义和调用；参数值传递、地址传递的规则；变量、过程的作用域和生存期进行了实战练习。

内容难点为：参数值传递、地址传递的规则；变量、过程的作用域和生存期。

内容重点为：Sub 过程、函数过程的定义和调用；参数值传递、地址传递的规则；变量、过程的作用域和生存期。

课后实验（要求读者参见上述实例独立完成）

1. 创建一个 VB 程序，程序应完成如下功能：定义一个可实现求阶乘的名为 fact 的函数，并且建立主程序通过调用用户自定义函数 fact 计算 1/1！ +1/3！ +1/5！ +1/7！ +1/9！ 的值，最后将结果输出显示在消息对话框 Msgbox 中。其运行界面如图 4－14 所示。

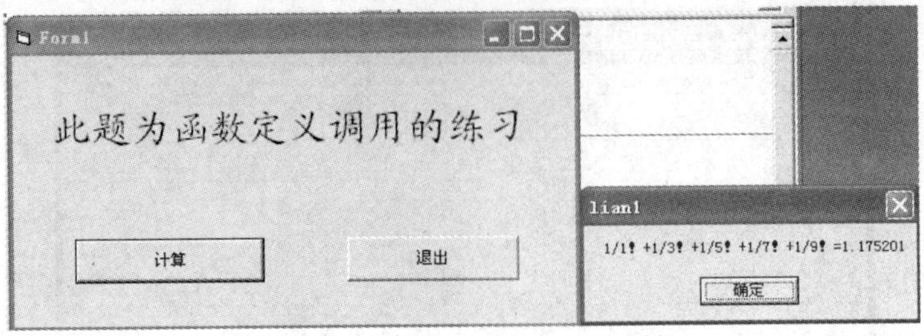

图 4-14　习题 1 输出运行界面

2. 创建一个 VB 程序，程序应完成如下功能：定义一个可实现为大奖赛打分的名为 dafen 的 Sub 过程。设大奖赛有七个评委打分，对一名参赛者，输入七个评委的打分分数，去掉一个最高分和一个最低分后，求出的平均分为该参赛者的得分；建立主程序输入七个评委的打分，通过调用 Sub 过程 dafen 来实现参赛者得分的计算，输出显示在标签框 Label 上。其运行界面如图 4-15 和图 4-16 所示。

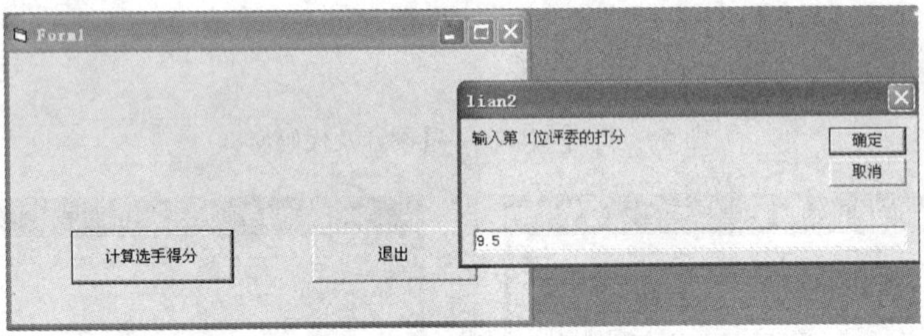

图 4-15　习题 2 的输入界面

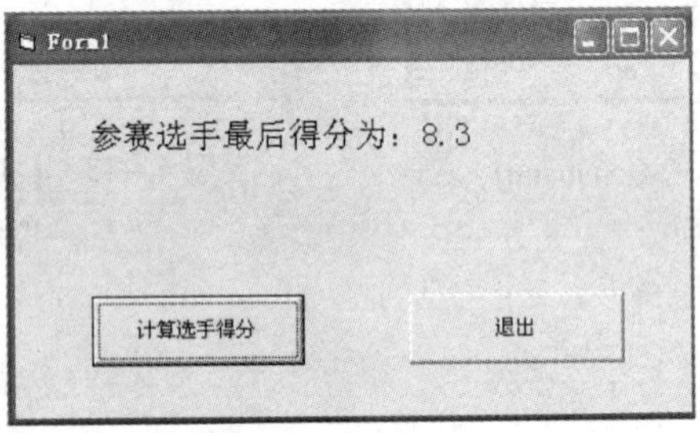

图 4-16　习题 2 输出界面

实验5 常用控件

5.1 实验目的

1. 掌握命令按钮控件、标签控件、文本框控件、单选按钮控件、复选框控件、框架控件、列表框控件、组合框控件、滚动条控件、定时器控件的常用属性与方法

2. 在程序设计中灵活选用以上控件

5.2 实验内容与指导

【实验5-1】 创建一个VB程序,程序应完成如下功能:设计窗体,窗体应含两个列表框List1和List2,其中列表框1代表水果市场,其中包含市场上可买的水果;列表框2代表我的水果篮;设计两个命令按钮分别代表"购买"和"退货",当单击"购买"时,在"水果市场"选定的水果将移入"我的水果篮";当单击"退货"时,在"我的水果篮"选中的水果将移回"水果市场"。

【实验5-1】 解答

步骤一:建立界面

分析实验要求可知,最终用户界面应包括窗体,窗体上应包含两个框架,两个列表框和两个命令按钮。因为实验要求两个列表框中的列表框1代表水果市场,其中包含市场上可买的水果;列表框2代表我的水果篮。所以为了界面美观先做两个框架,然后将两个列表框分别置于两个框架之上,通过将框架的Caption属性分别设置为"水果市场"和"我的水果篮"来完成实验要求;另外设置两个命令按钮Command1和Command2,将其Caption属性分别设置为"购买"和"退货"。完成的设计界面如图5-1所示。

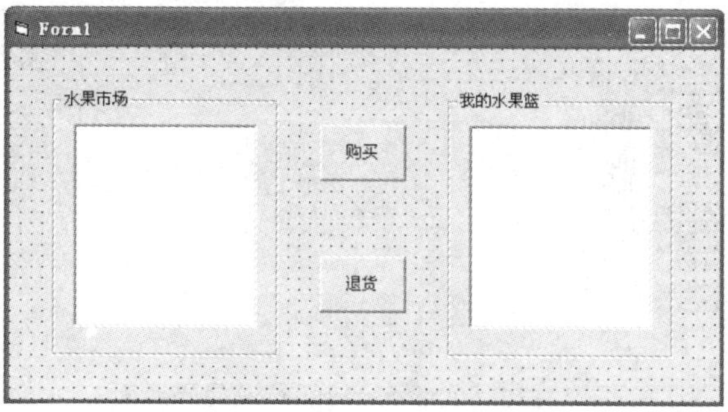

图5-1 【实验5-1】设计界面

步骤二:编写事件代码

根据实验要求,当程序运行时,将出现如图5-2所示的运行界面。进一步分析可知,程序运行时可能发生的事件为单击按钮Command1、Command2事件,所以事件代码应添加到命令按钮的单击事件中,即:

```
Private Sub Command1_Click( )
End Sub
Private Sub Command2_Click( )
End Sub
```

另外,关于列表框 List1 中所显示的水果条目,可以通过两种方法来实现:一是在设计阶段通过修改 List 的属性实现;二是可以在设计阶段通过 List 的 AddItem 方法进行添加。

注意:要想在程序运行之初,出现如图 5 - 1 所示的"水果市场"有货的景象,应将诸如"List1. AddItem"苹果""的代码添加到窗体的加载事件中,即:

```
Private Sub Form_Load( )
End Sub
```

因为窗体的加载事件是在程序运行之初由系统触发的,所以一些变量的初始化工作一般在该事件过程中完成,具体实现如图 5 - 2 中的 Private Sub Form_Load( ) 事件所示。

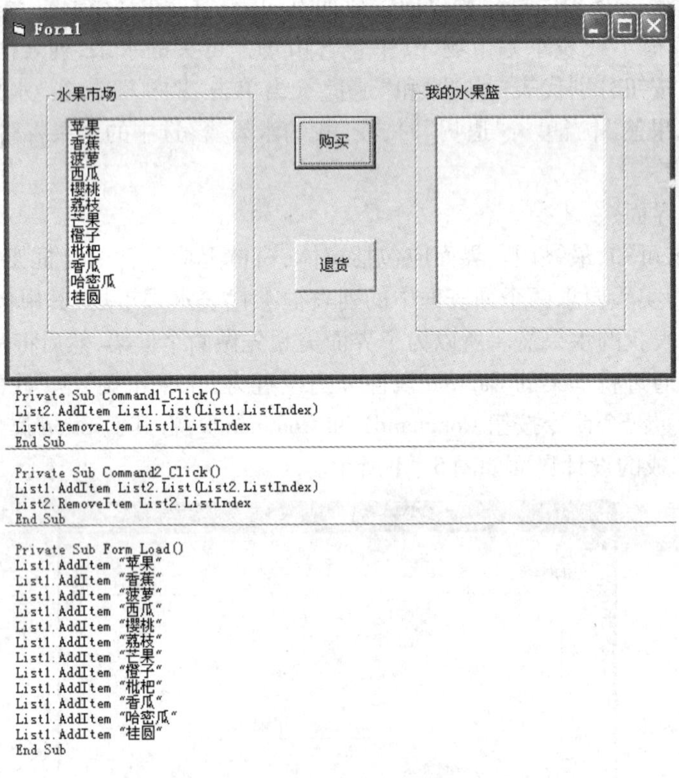

图 5 - 2 【实验 5 - 1】运行及代码界面

进一步分析,单击两个命令按钮时计算机应该完成的操作,单击 Command1 时,计算机应完成以下两步操作,即购买功能。

① 将用户在列表框 List1 中选定的水果条目添加到列表框 List2 中,可通过 List2 的 Additem 进行添加;

② 将该列表框 List1 中选定的水果条目从列表框 List1 中移除,可通过 List1 的 Removeitem 进行移除。程序运行结果如图 5 - 3 所示。

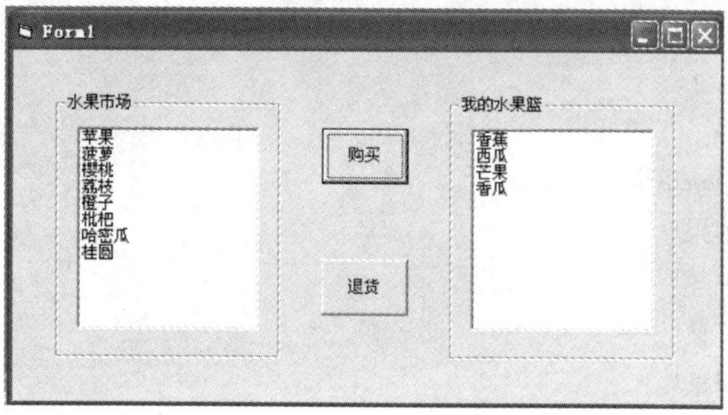

图 5－3　【实验 5－1】单击【购买】运行结果界面

单击 Command2 时，计算机应完成以下两步操作，即退货功能：

① 将用户在列表框 List2 中选定的水果条目添加到列表框 List1 中，可通过列表框 List1 的 Additem 进行添加；

② 将该列表框 List2 中选定的水果条目从列表框 List2 中移除，可通过列表框 List2 的 Removeitem 进行移除。程序运行结果如图 5－4 所示。

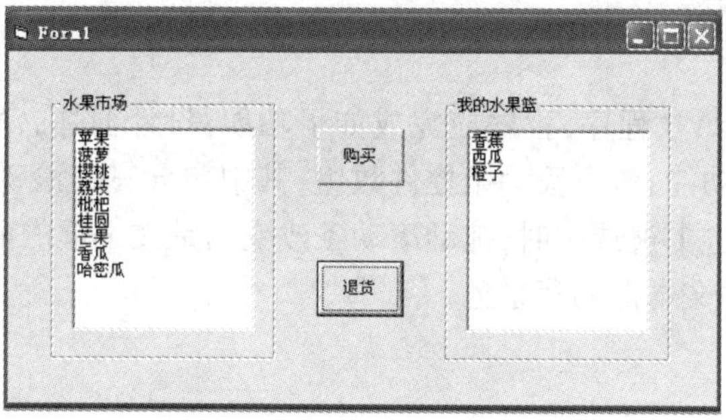

图 5－4　【实验 5－1】单击【退货】运行结果界面

以上涉及的相关知识如下。

① AddItem 方法用于在运行时向列表框增加一新表项，格式为：

列表框名 . AddItem　列表项文本 [，索引号]

② RemoveItem 方法用于删除列表框中指定的列表项，格式为：

列表框名 . RemoveItem　索引号

其中索引号用于指定添加的条目在列表框中的插入位置，列表框的条目从上至下的索引号为 0，1，2，3，4，5…

程序代码如下所示：

```
Private Sub Command1_Click( )
List2. AddItem List1. List( List1. ListIndex)
List1. RemoveItem List1. ListIndex
End Sub

Private Sub Command2_Click( )
List1. AddItem List2. List( List2. ListIndex)
```

```
List2. RemoveItem List2. ListIndex
End Sub

Private Sub Form_Load( )
List1. AddItem "苹果"
List1. AddItem "香蕉"
List1. AddItem "菠萝"
List1. AddItem "西瓜"
List1. AddItem "樱桃"
List1. AddItem "荔枝"
List1. AddItem "芒果"
List1. AddItem "橙子"
List1. AddItem "枇杷"
List1. AddItem "香瓜"
List1. AddItem "哈密瓜"
List1. AddItem "桂圆"
End Sub
```

【实验 5 -2】 创建一个 VB 程序,程序应完成如下功能:设计窗体,窗体包含文本框和 Timer 控件来实现电子时钟的功能;包含滚动条控件数组,其中包含三个滚动条,分别代表红绿兰三色;含单选框两个,当单选 1 被选中时,拖动滚动条改变的是文本框的前景色;当单选 2 被选中时,拖动滚动条改变的是文本框的背景色。

【实验 5 -2】 解答

步骤一:建立界面

分析实验要求可知,最终用户界面应包括窗体,窗体上应包含文本框 Text1,Timer 控件;由框架 Frame1 包含的三个水平滚动条组成的控件数组来实现 RGB 函数的三个参数选择,其中界面中滚动条左侧的红绿蓝字体可通过将三个标签框的 Caption 属性分别设置为"红","绿","蓝"来实现;框架 Frame2 及两个单选按钮 Option1 和 Option2 组成了对前景色或是背景色进行改变的选择部分。两个框架上的文字可通过将框架的 Caption 属性设置为"调颜色","选择"来实现;将单选按钮的 Caption 属性设置为"前景色改变"及"背景色改变"可实现如图 5 - 5 右上角所示的显示效果。设计界面如图 5 -5 所示。

图 5 -5 【实验 5 -2】设计界面

步骤二:编写事件代码

根据实验要求,当程序运行时,将出现如图 5 - 6 所示的运行界面,进一步分析程序运行时,可能发生的事件为滚动条的拖动和电子时钟的 Timer 事件,所以事件代码应添加到以下事件中,即:

```
Private Sub HScroll1_Change( Index As Integer)
End Sub
Private Sub HScroll1_Scroll( Index As Integer)
End Sub
Private Sub Timer1_Timer( )
End Sub
```

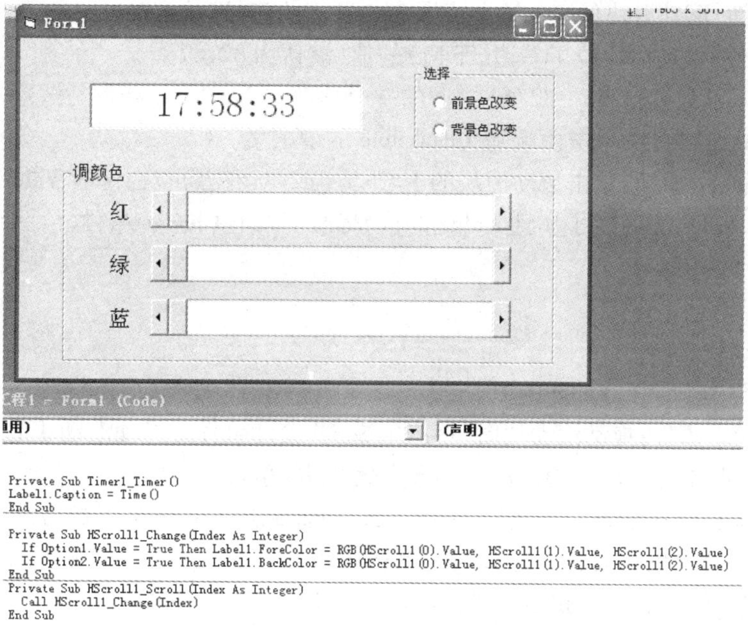

图 5 - 6 【实验 5 - 2】运行及代码界面

具体分析以上三个事件发生时计算机应该完成的操作,首先对于 Timer 控件,计算机应做的是每秒获取一次系统的当前时间,并且将时间显示在标签框 Label1 上(通过设置 Label1 的 Caption 属性),要用到 Timer 控件的属性及事件如下。

① Interval 属性:设置触发 Timer 事件的时间间隔。单位为毫秒(1/1000 秒),取值为 1 ~ 65 535,大约最大为 1 分种多一点。如果将该属性设为 1000,则在运行时,每隔一秒触发一次 Timer 事件。当 Interval 属性值为 0 时,定时器不起作用。

② Timer 事件:当 Interval 预置的时间间隔一到,会自动触发 Timer 事件。这是定时器唯一支持的事件。

③ VB 的内部函数:是系统预定义函数,可由用户直接调用。

Date:返回系统当前日期。

Time:返回系统当前时间,本实验用到此内部函数。

Now:返回系统当前日期、时间。

Minute(Now)、Minute(Time):返回系统当前时间 “hh:mm:ss”中的 mm (分钟)值。

Second(Now)、Second(Time):返回系统当前时间 “hh:mm:ss”中的 ss (秒)值。

滚动条控件分为水平滚动条(HscrollBar)和垂直滚动条(VscrollBar),常用于控制音量及颜色值调节等。

① Value 属性:它反映了滚动条的当前值,也就是中间的滚动滑块所处的位置。最顶端或最左端的 Value 值最小。以下 4 种方法可以改变 Value 属性的值。

↘在【属性】对话框设置。

↘单击两端箭头。

↘拖动滚动块。

↘单击滚动块两边的空白区域。

② Min 属性:滚动滑块位于左边(上边)时 Value 的值(默认 =0)。

③ Max 属性:滚动滑块位于右边(下边)的值(默认为 32767)。

Min 和 Max 可为 -32768 ~32767 之间的一个整数。

④ Smallchange 属性:单击两端箭头时 Value 的增减量。

⑤ Largechange 属性:单击滚动滑块的上、下方(或左、右方)空白区时 Value 增减的值。

⑥ Change 事件:当改变了属性 Value 的值,将产生以下 Change 事件。

↘单击滚动箭头。

↘单击空白区。

↘拖动滚动块。

↘或在代码中重设了 Value 的值。

⑦ Scroll 滚动事件:拖动滚动块时,将产生 Scroll 滚动事件。拖动滚动块的过程中,会连续地发生多个 Scroll 事件。单击滚动箭头不会产生 Scroll 事件。

本实验考虑拖动滚动条,从而引发滚动事件,进而调用 Chang 事件的方式实现程序功能。其中前景色或是背景色的改变是通过判断单选按钮 Option1 及 Option2 哪一个被选中而决定的。程序运行界面如图 5 -7 和图 5 -8 所示。

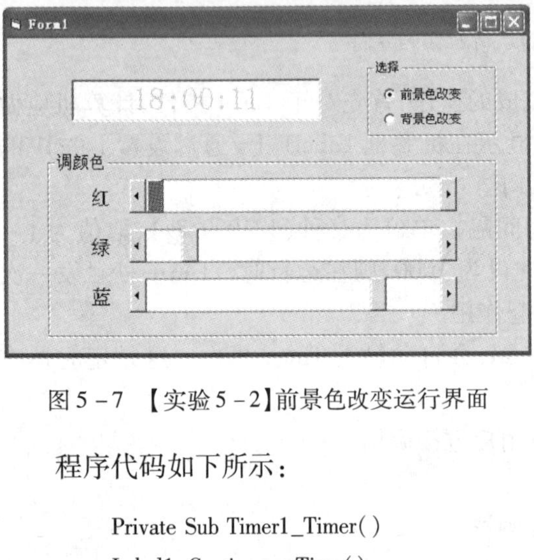

图 5 -7 【实验 5 -2】前景色改变运行界面

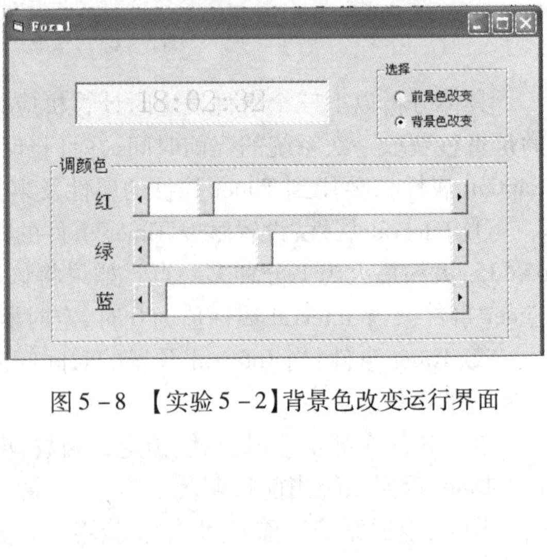

图 5 -8 【实验 5 -2】背景色改变运行界面

程序代码如下所示:

```
Private Sub Timer1_Timer()
Label1.Caption = Time()
```

```
End Sub

Private Sub HScroll1_Change(Index As Integer)
  If Option1. Value  =  True Then
Label1. ForeColor = RGB(HScroll1(0). Value,croll1(1). Value,HScroll1(2). Value)
End If
  If Option2. Value  =  True Then
Label1. BackColor = RGB(HScroll1(0). Value,HScroll1(1). Value,HScroll1(2). Value)
End If
End Sub
Private Sub HScroll1_Scroll(Index As Integer)
  Call HScroll1_Change(Index)
End Sub
```

【实验 5－3】 创建一个 VB 程序，程序应完成如下功能：设计窗体，窗体包含复选框分别代表牛排馆的三种套餐，当用户选择了某种套餐并且选择"查看套餐清单"时，会以消息对话框显示选中套餐所含的内容；当用户选中某种套餐并且指定份数，单击"订外卖"时，会以消息对话框显示选中套餐所需的总金额。

【实验 5－3】 解答

步骤一：建立界面

分析实验要求可知，最终用户界面应包括窗体，窗体上应包含一个框架，其 Caption 属性设为"牛排外卖点餐"；框架上包含一个有三个元素的复选框控件数组，用于选相应的套餐，其 Caption 属性设为"招牌牛排套餐 35 元"，"黑椒菲力牛排套餐 50 元"，"欢乐家庭餐 70 元"；三个文本框用于输入相应的套餐的点餐份数，其后跟有三个标签框的 Caption 属性设置为"份"；三个按钮，分别将其 Caption 属性设置为"查看套餐清单"，"订外卖"和"退出"。设计界面如图 5－9 所示。

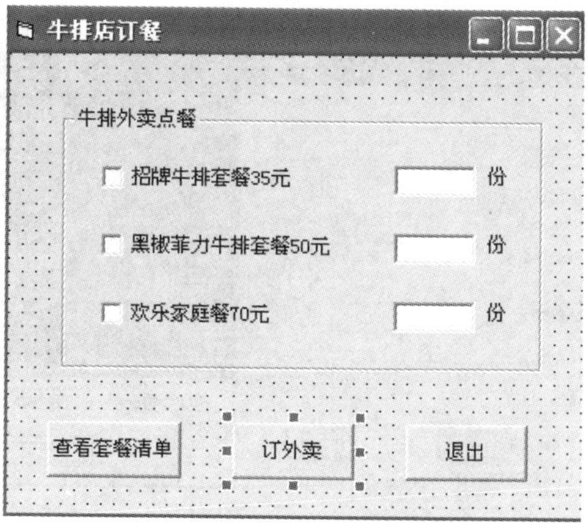

图 5－9 【实验 5－3】设计界面

步骤二：编写事件代码

根据实验要求，当程序运行时，运行界面如图 5－10 所示。

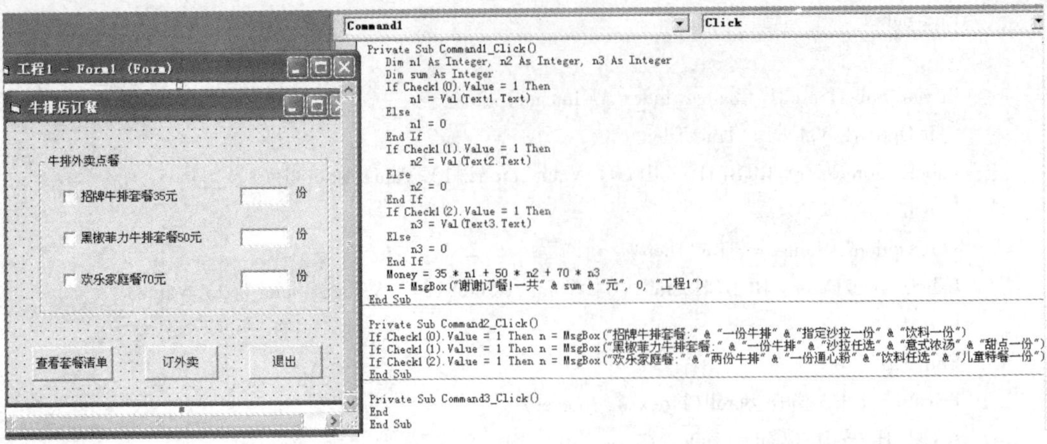

图 5－10 【实验 5－3】运行及代码界面

单击命令按钮 Command1，将出现如图 5－11 所示的运行界面。并进一步分析，程序运行时可能发生的事件为单击按钮 Command1、Command2、Command3 事件，所以事件代码应添加到命令按钮的单击事件中，即：

```
Private Sub Command1_Click( )
End Sub
Private Sub Command2_Click( )
End Sub
Private Sub Command3_Click( )
End Sub
```

进一步具体分析以上三个事件发生时计算机应该完成的操作，选中某套餐并且单击“查看套餐清单”时，将出现如图 5－11 所示的消息对话框 MsgBox，用于显示相应套餐所含的内容。

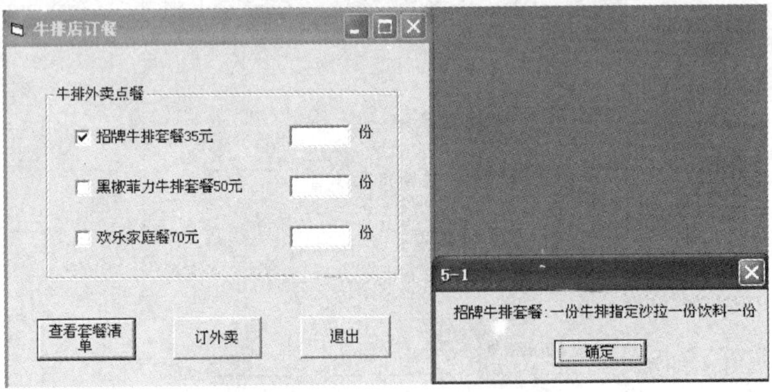

图 5－11 【实验 5－3】查看套餐清单运行界面

当用户选择了套餐种类及确定了订餐份数并且单击“订外卖”时，将出现如图 5－12 所示的运行界面，由消息对话框 MsgBox 显示用户订餐所需的总金额。

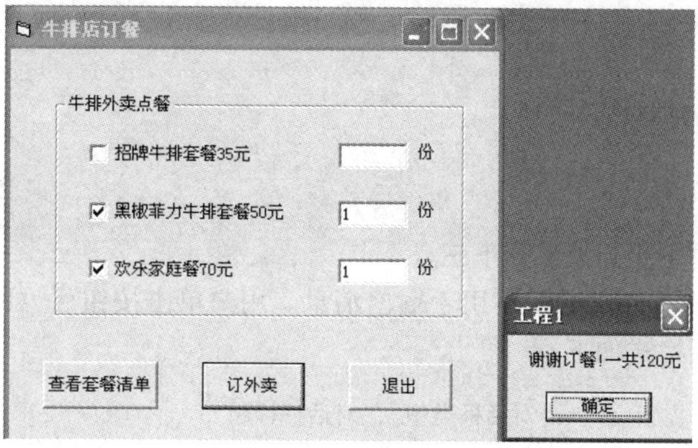

图 5-12　【实验 5-3】订外卖运行界面

程序代码如下所示：

```
Private Sub Command1_Click()
    Dim n1 As Integer,n2 As Integer,n3 As Integer
    Dim sum As Integer
    If Check1(0).Value = 1 Then
        n1 = Val(Text1.Text)
    Else
        n1 = 0
    End If
    If Check1(1).Value = 1 Then
        n2 = Val(Text2.Text)
    Else
        n2 = 0
    End If
    If Check1(2).Value = 1 Then
        n3 = Val(Text3.Text)
    Else
        n3 = 0
    End If
    Sum = 35 * n1 + 50 * n2 + 70 * n3
    n = MsgBox("谢谢订餐！一共" & sum & "元",0,"工程 1")
End Sub

Private Sub Command2_Click()
If Check1(0).Value = 1 Then n = MsgBox("招牌牛排套餐:" & "一份牛排" & "指定沙拉一份"
& "饮料一份")
If Check1(1).Value = 1 Then n = MsgBox("黑椒菲力牛排套餐:" & "一份牛排" & "沙拉任选"
& "意式浓汤" & "甜点一份")
If Check1(2).Value = 1 Then n = MsgBox("欢乐家庭餐:" & "两份牛排" & "一份通心粉" & "
饮料任选" & "儿童特餐一份")
```

```
End Sub

Private Sub Command3_Click()
End
End Sub
```

本实验所涉及的主要知识点如下三点。

① MsgBox 函数(消息对话框):用于输出消息。用户单击按钮后返回一个整数以表明单击了哪个按钮。调用格式如下:

```
n = MsgBox("提示信息","对话框类型","对话框标题")
```

② 控件数组:一组具有共同名称与类型的控件的集合。它们的事件过程也相同。常见的控件数组用于实现菜单控件和选项按钮分组。可用到的最大索引值为 32 767。

建立方法为先建立一个控件,然后复制,VB 集成开发环境会提示是否建立一个控件数组,确定之后将建立控件数组。

③ 复选框:选中与否由 CheckBox 的 Value 属性进行判断,值为 1 表示该复选框被选中。

小结

本章实验主要内容为:通过具体实例对所涉及的常用控件命令按钮,标签框,列表框,滚动条,Timer 控件,框架等的属性事件方法进行针对性练习。

内容重点:掌握常用控件的重要属性、事件和方法的使用。

内容难点:控件数组应用,错误(包括语法错误、实时错误、逻辑错误)的分析和处理。

课后实验(要求读者参见上述实例独立完成)

1. 创建一个 VB 程序,程序应完成如下功能:窗体中包含两个列表框控件、两个标签框控件,三个命令按钮控件。设计程序可完成"是奇数就迁移"的功能,即单击"产生随机数"按钮时,将会随机产生 15 个两位正整数,并显示在左边列表框内;单击"是奇数就迁移"按钮,对左边列表框中的数进行判断,其中的奇数全部移到右边列表框中。

单击"退出"按钮时,程序结束;但"退出"按钮在程序运行之初不可用,当单击"是奇数就迁移"按钮后,"退出"按钮才可用。程序运行界面如图 5－13、图 5－14 和图 5－15 所示。

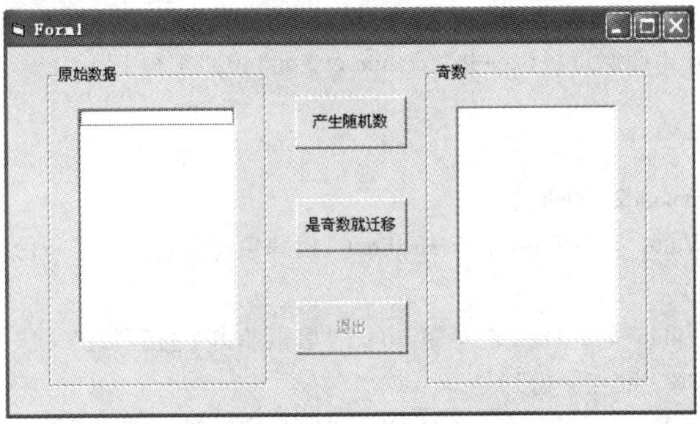

图 5－13 习题 1 运行界面

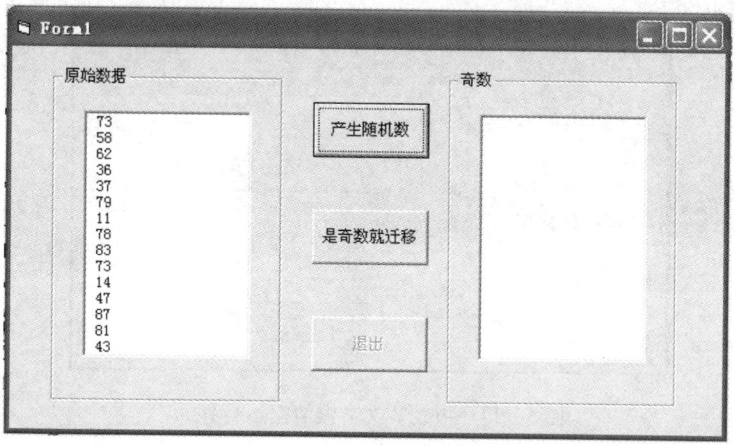

图 5-14　习题 1 产生随机数运行界面

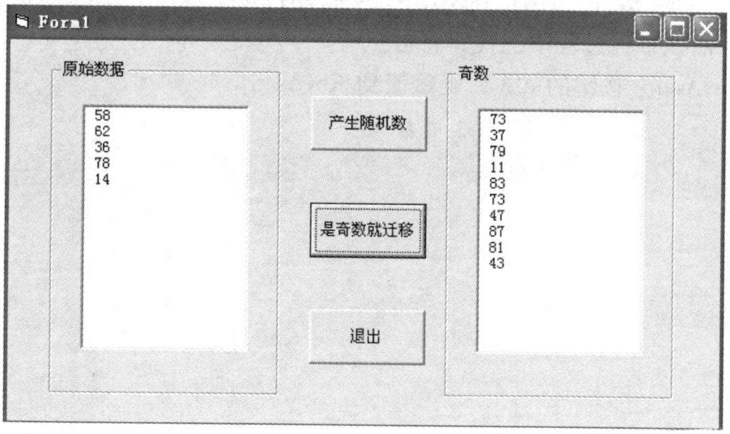

图 5-15　习题 1 运行结果界面

2. 创建一个 VB 程序，程序应完成如下功能：设计一个只接受字母键的文本框，在文本框 Text1 中输入一串字符时，文本框 Text2 中就即时显示与 Text1. Text 反序的字符串。即：与字符串"abcdef"反序的字符串为"fedcba"。其运行界面如图 5-16 所示，图 5-17 所示为单击"文本框清空"后的界面。

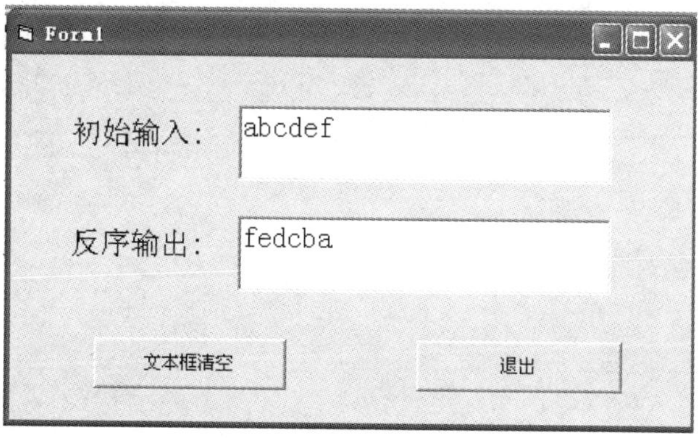

图 5-16　习题 2 运行界面

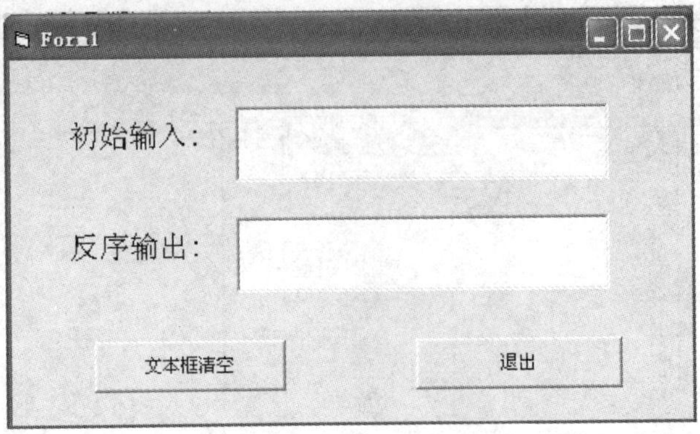

图 5-17　习题 2 文本框清空运行界面

本实验涉及的新知识点为 Keypress 事件。

文本框的 Keypress 事件:当焦点在文本框中时,用户按下键盘上任意键将会触发文本框的 Keypress 事件,从而该事件过程中的代码将被执行。

形参变量 KeyAscii: 按键的 ASCII 码赋值到 KeyAscii。

实验6　图形控件和图形方法

6.1　实验目的

1. 熟悉VB坐标系;掌握图片框控件、影像框控件、形状控件、直线控件的常用属性与方法
2. 熟练掌握绘制点、线、圆的图形方法

6.2　实验内容与指导

【实验6－1】　创建一个VB程序,程序应完成如下功能:窗体上应包含一个标签框Label1,其上显示“单击一下,我会动的”;一个Timer控件,当用户选择了移动方向,单击标签框Label1之后,Timer控件可使标签框Label1持续以选定方向移动(注意:当标签框移出窗体后会从另一边回来,如左边出去右边回来);移动方向的选择由框架Fram1和四个单选按钮完成。

【实验6－1】　解答

步骤一:建立界面

分析实验要求可知,最终用户界面应包括窗体,窗体上应包含一个标签框Label1,通过对其Caption属性进行设置可使其上显示“单击一下,我会动的”;一个Timer控件,将其Interval属性设为1000,可使Timer控件的Timer事件每秒触发一次。以框架分组的四个单选按钮用于供用户选择标签Label1的移动方向,其Caption属性分别设置为“向右”、“向左”、“向上”和“向下”。设计界面如图6－1所示。

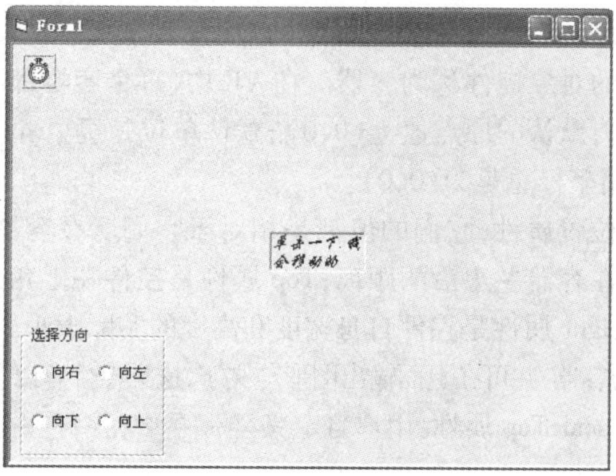

图6－1　【实验6－1】设计界面

步骤二:编写事件代码

根据实验要求,当程序运行时,运行界面如图6－2所示。进一步分析,程序运行时可能发生的事件为Timer控件的Timer事件和标签框label1的单击事件,所以事件代码应添加到相应的事件过程中,即:

```
Private Sub Label1_Click( )
End Sub
Private Sub Timer1_Timer( )
End Sub
```

进一步具体分析以上两个事件发生时计算机应该完成的操作,首先 Timer 控件在程序运行之初不可用,所以可在设计阶段将 Timer 控件的 Enabled 属性设为 False;当用户选择了移动方向并且单击了“单击一下,我会移动的”按钮之后,Timer 控件可用,所以在标签框 Label1 的单击事件中应添加代码“Timer1. Enabled ＝ True”;又知标签框会以每秒动一下的方式自动按选定方向移动,所以相关代码应添加 Timer 的 Timer 事件。

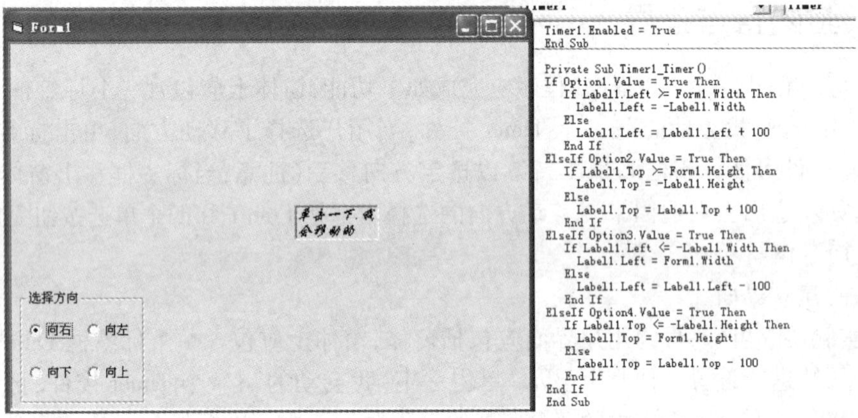

图 6－2　【实验 6－1】运行及代码界面

再具体分析实验要求可知,如从窗体左边出去(消失看不见)可从窗体右边回来(重新可见)。实现这些功能就要用到 VB 中容器坐标系的知识。

能够放置其他控件的对象控件称为容器。在 VB 中,每个容器都有一个自己的默认坐标系(X 轴向右,Y 轴向下);默认的原点值为(0,0);默认单位是缇(twip)。1 缇≈0. 01764 毫米≈0. 05 磅;容器的左上角坐标总是为(0,0)。

控件有 Left 和 Top 位置属性,它们的值都是相对于它们所在容器的坐标系而言的。Left 属性是控件左上角到所在容器左边沿的距离;Top 属性是控件左上角到所在容器上边沿的距离。而 Width 属性和 Height 属性是控件自身宽度和高度的实际大小。

有一些控件可以作为容器,并可在上面输出图形与文字,这类控件有以下几个特有的坐标属性。

① scaleLeft 属性和 scaleTop 属性:用户自定义坐标系中,控件左上角的横坐标和纵坐标,默认值为(0,0)。

② scaleLeft 属性:x 轴坐标的最小值,x 轴坐标的最大值为 scaleLeft + ScaleWidth。

scaleTop 属性:y 轴坐标的最小值,y 轴坐标的最大值为 scaleTop + ScaleHeight。

Scale 方法:改变容器坐标系。容器坐标系中,容器的最小坐标值是左上角的坐标,最大值为右下角坐标。所以使用 Scale 方法可以改变原点的坐标,也改变了最大坐标。

Scale 方法的语法格式如下:

```
容器 . Scale (x1,y1) － (x2,y2)
```

其功能是:改变容器(默认为窗体)原点坐标为(x1,y1),最大坐标值为(x2,y2);将容器在X轴方向分为x2减x1等分。X轴方向分为y2减y1等分。

容器坐标系为向下向右的,所以右移为坐标增加方向,因此应该为"Label1. Left = Label1. Left + 100",并且当标签框刚好移出窗体时"Label1. Left > = Form1. Width",而标签框右边沿刚好接触窗体左边沿时"Label1. Left = - Label1. Width";又分析可知上移为坐标减少方向,所以应为"Label1. Top = Label1. Top - 100",并且当标签框刚好移出窗体时"Label1. Top < = - Label1. Height",而标签框上边沿刚好接触窗体下边沿时"Label1. Top = Form1. Height";另外可根据同样的原理分析标签框向左移动而后从右边回来,以及标签框向下移动而后从上边回来的情况。从而可得到Timer控件的Timer事件过程中应添加的代码。其中移动方向的选择由单选按钮Option的Value属性来判断,Option为True时,该单选按钮被选中。

程序代码如下所示:

```
Private Sub Label1_Click( )
Timer1. Enabled = True
End Sub
Private Sub Timer1_Timer( )
If Option1. Value = True Then
   If Label1. Left > = Form1. Width Then
     Label1. Left = - Label1. Width
   Else
     Label1. Left = Label1. Left + 100
   End If
ElseIf Option2. Value = True Then
   If Label1. Top > = Form1. Height Then
     Label1. Top = - Label1. Height
   Else
     Label1. Top = Label1. Top + 100
   End If
ElseIf Option3. Value = True Then
   If Label1. Left <= - Label1. Width Then
     Label1. Left = Form1. Width
   Else
     Label1. Left = Label1. Left - 100
   End If
ElseIf Option4. Value = True Then
   If Label1. Top <= - Label1. Height Then
     Label1. Top = Form1. Height
   Else
     Label1. Top = Label1. Top - 100
   End If
End If
End Sub
```

【实验 6 – 2】 创建一个 VB 程序,程序应完成如下功能:窗体上应包含一个图片框 Picture1,用于显示用图形方法画到图片框 Picture1 上去的图形;四个命令按钮,当单击“扇形”时,图片框中出现顶端相对的两个扇形;当单击“椭圆”时,图片框中出现两个互相垂直的椭圆;当单击“套方形”时,图片框中出现由大到小变化、但中心在一点的一系列方形。

【实验 6 – 2】 解答

步骤一:建立界面

分析实验要求可知,最终用户界面的窗体上应包含一个图片框 Picture1,用于显示用图形方法画到图片框 Picture1 上去的图形;四个命令按钮,其 Caption 属性分别设置为“扇形”、“椭圆”、“套方形”和“退出”。最终设计界面如图 6 – 3 所示。

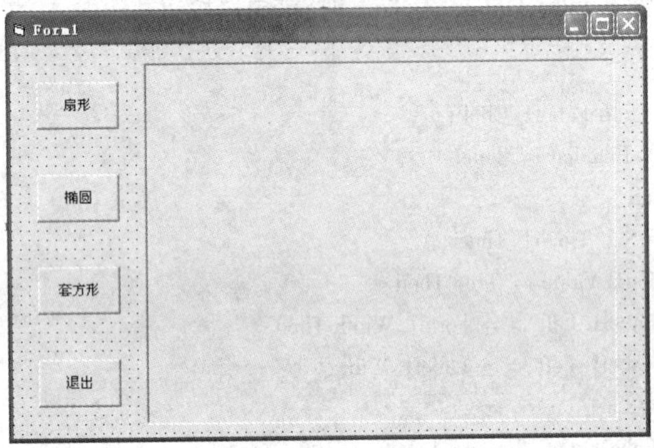

图 6 – 3 【实验 6 – 2】设计界面

步骤二:编写事件代码

根据实验要求,当程序运行时,运行界面如图 6 – 4 所示。

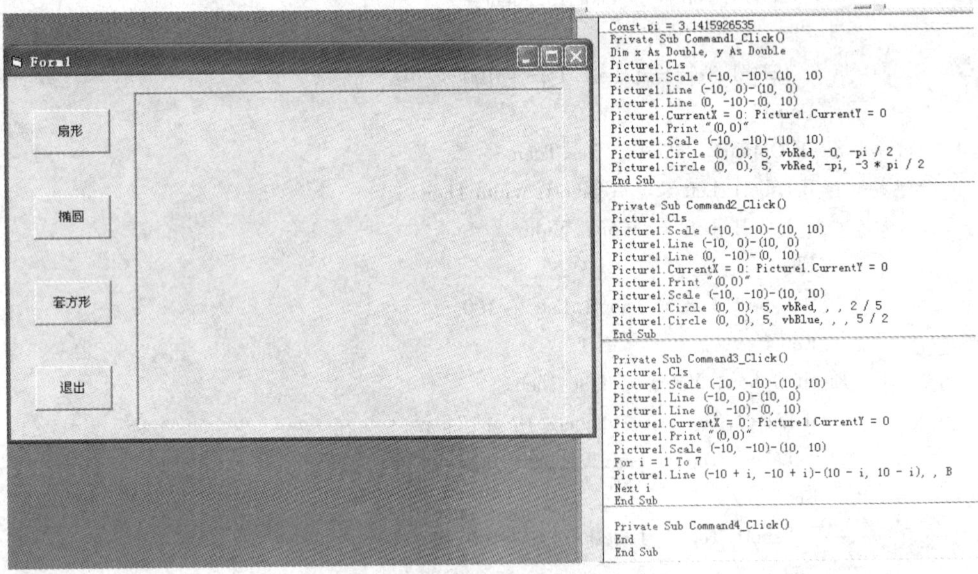

图 6 – 4 【实验 6 – 2】运行及代码界面

并且进一步分析程序运行时可能发生的事件为单击按钮 Command1、Command2 和 Command3 事件，所以事件代码应添加到相应的命令按钮的单击事件中，即：

```
Private Sub Command1_Click( )
End Sub
Private Sub Command2_Click( )
End Sub
Private Sub Command3_Click( )
End Sub
Private Sub Command4_Click( )
End Sub
```

进而具体分析以上三个事件发生时计算机应该完成的操作，当单击“扇形”按钮时计算机应完成两步操作，首先考虑将容器图片框 Picture1 的坐标系改为熟悉的向上向右且原点在图片框中心的形式，坐标系的更改可利用 scale 来实现，其格式为：容器 . Scale(x1 , y1) - (x2 , y2)。然后在下一步画扇形时计算角度时易于操作；另外画扇形应使用的图形方法如下所示。

[容器名 .]Circle　[step](x,y),radius [,color],start,end

start,end 用于指定弧的起点和终点(以弧度为单位),start 和 end 的取值范围均为 0 到 2π；起点 start 的默认值为 0，终点 end 的默认值为 2π。

若 start 为负值，画出一条从圆心到圆弧相应端点的连线。参数 end 也如此。

如图 6 - 5 所示，顶端相对的扇形在 Ⅰ、Ⅲ象限，所以可计算出 start 和 end 的弧度为 0 ~ π/2 和 π ~ 3π/2。继而编写 Command1 的单击事件中所填的代码，其运行界面如图 6 - 5 所示。

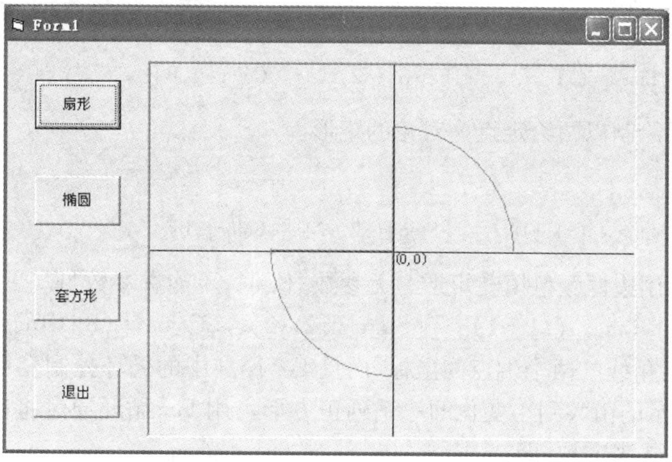

图 6 - 5　【实验 6 - 2】单击“扇形”运行结果界面

同样，当单击“椭圆”按钮时计算机也应完成两步操作，首先将容器图片框 Picture1 的坐标系改为熟悉的向上向右且原点在图片框中心的形式，这可利用 scale 来实现，其格式为：容器 . Scale(x1 , y1) - (x2 , y2)。这样在下一步画椭圆时易于操作；其次画椭圆，画椭圆的语法格式如下。

```
Circle  [step](x,y),radius[,color] start,end,Aspect
```

其中 Aspect 为椭圆纵轴与横轴之比。

如图 6－6 所示,互相垂直的两个椭圆是由两个纵轴与横轴比互为倒数的椭圆交叉组成的。继而编写 Command2 的单击事件中的代码,其运行界面如图 6－6 所示。

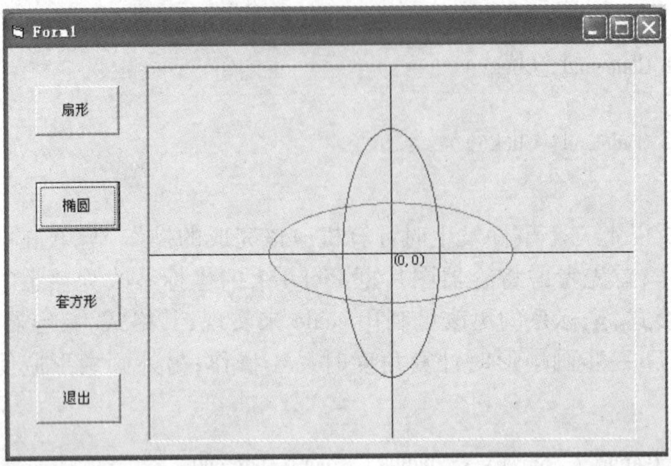

图 6－6　【实验 6－2】单击"椭圆"运行结果界面

同样,当单击"套方形"按钮时计算机也应完成两步操作,首先将容器图片框 Picture1 的坐标系改为熟悉的向上向右且原点在图片框中心的形式,这可利用 scale 来实现,其格式为:容器. Scale(x1,y1) －(x2,y2),这样在下一步画套方形时易于操作;然后画方形,所应使用的图形方法如下所示。

格式 1:

```
[容器名]. Line [ (x1,y1)] - [Step](x2,y2) [,Color][,B]
```

参数"B"表示绘制以两给定点为对角的矩形。

格式 2:

```
[容器名]. Line [ (x1,y1)] - [Step](x2,y2) [,Color],BF
```

参数"F"表示用边框颜色填充矩形。无参数"B"时,不能有参数"F"。

语句[容器名]. Line[(x1,y1)]－[Step](x2,y2) [,Color][,B]中的(x1,y1)与(x2,y2)分别表示矩形的对角线的两个端点的坐标,而且 For 循环中的循环控制变量 i 是规律变化的,所以如图 6－7 所示的由大到小变化的一系列正方形可用 For 循环通过将(x1,y1)与(x2,y2)表示为含 i 的表达式来实现,即:

```
For i = 1 To 7
Picture1. Line ( -10 + i, -10 + i) - (10 - i,10 - i), ,B
Next.
```

继而编写 Command3 的单击事件代码,其运行界面如图 6－7 所示。

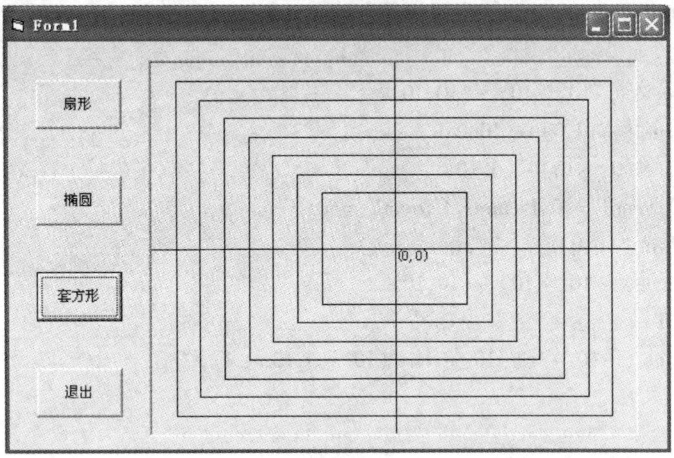

图 6－7 【实验 6－2】单击套方形运行结果界面

“退出”按钮功能由 End 语句实现。

程序代码如下所示：

```
Const pi = 3.1415926535
Private Sub Command1_Click()
Dim x As Double,y As Double
Picture1.Cls
Picture1.Scale (-10,-10)-(10,10)
Picture1.Line (-10,0)-(10,0)
Picture1.Line (0,-10)-(0,10)
Picture1.CurrentX = 0:Picture1.CurrentY = 0
Picture1.Print "(0,0)"
Picture1.Scale (-10,-10)-(10,10)
Picture1.Circle (0,0),5,vbRed,-0,-pi / 2
Picture1.Circle (0,0),5,vbRed,-pi,-3 * pi / 2
End Sub

Private Sub Command2_Click()
Picture1.Cls
Picture1.Scale (-10,-10)-(10,10)
Picture1.Line (-10,0)-(10,0)
Picture1.Line (0,-10)-(0,10)
Picture1.CurrentX = 0:Picture1.CurrentY = 0
Picture1.Print "(0,0)"
Picture1.Scale (-10,-10)-(10,10)
Picture1.Circle (0,0),5,vbRed,,,2 / 5
Picture1.Circle (0,0),5,vbBlue,,,5 / 2
End Sub
```

```
Private Sub Command3_Click( )
Picture1. Cls
Picture1. Scale ( -10, -10) -(10,10)
Picture1. Line ( -10,0) -(10,0)
Picture1. Line (0, -10) -(0,10)
Picture1. CurrentX = 0:Picture1. CurrentY = 0
Picture1. Print "(0,0)"
Picture1. Scale ( -10, -10) -(10,10)
For i = 1 To 7
Picture1. Line ( -10 + i, -10 + i) -(10 - i,10 - i),,B
Next i
End Sub

Private Sub Command4_Click( )
End
End Sub
```

小结

本章实验的主要内容为:通过具体实例对涉及的图形控件,如图片框 Picture,图形方法 Circle,Line 等,以及容器坐标系进行了练习。

内容重点:坐标系统的概念,建立坐标系的方法;图形方法的使用。

内容难点:坐标系统的概念,建立坐标系的方法。

课后实验(要求读者参见上述实例独立完成)

1. 创建一个 VB 程序,程序应完成如下功能:窗体上应包含图形控件数组,该数组包含 6 个元素;一个 Timer 控件,其 Timer 事件每秒触发一次;两个命令按钮,当单击“霓虹灯”时,上面的图形控件数组的元素每秒只有一个变为椭圆形,并且由彩色实心填充。其设计界面如图 6-8 所示,部分运行界面如图 6-9 和 6-10 所示。

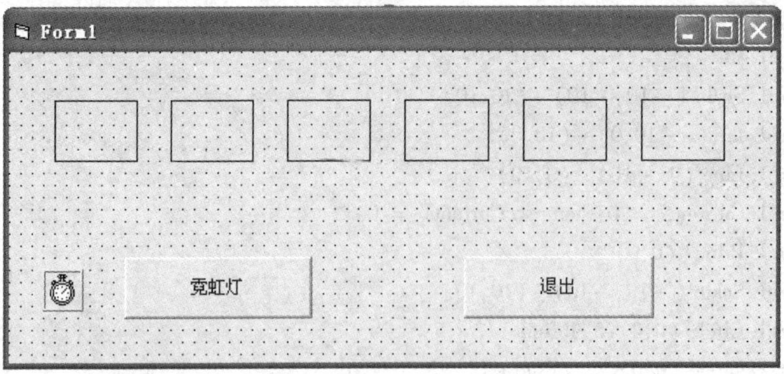

图 6-8 习题 1 设计界面

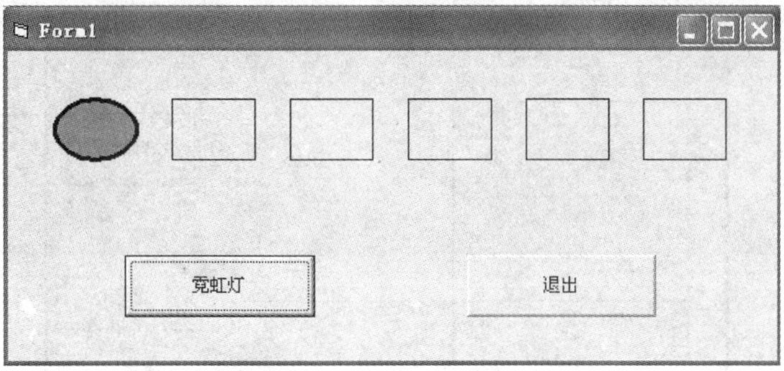

图 6－9　习题 1 某一时刻的运行界面一

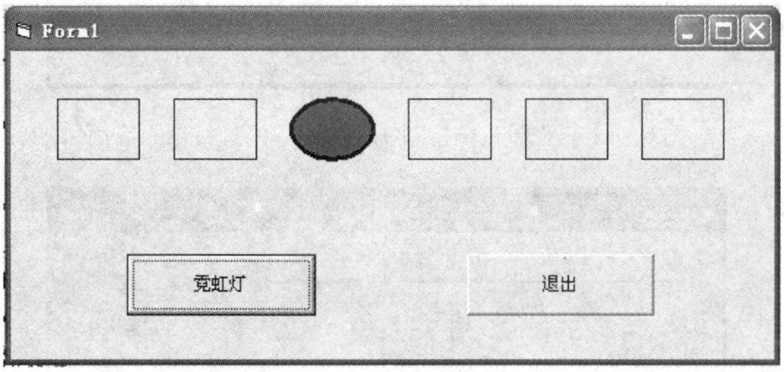

图 6－10　习题 1 某一时刻的运行界面二

2. 创建一个 VB 程序,程序应完成如下功能:窗体上应包含图片框 Picture1;两个命令按钮,当单击"生成原始图"时,图片框中显示两个尖端相对的扇形,占一三象限;单击"变换"时,可以将扇形的方向改变为占Ⅱ、Ⅳ象限。其设计界面如图 6－11 所示,运行界面如图 6－12 和 6－13 所示。

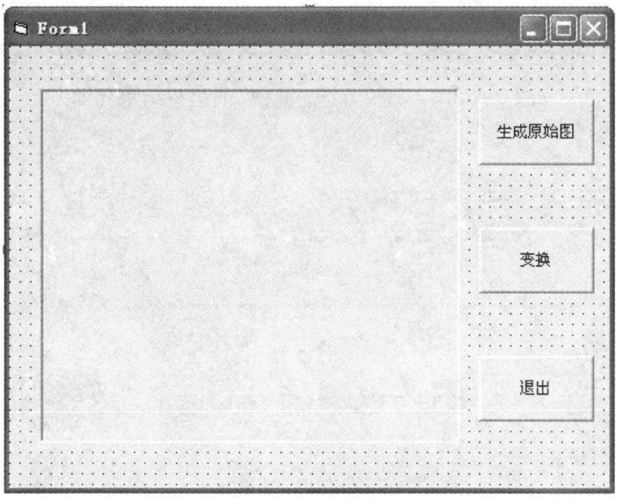

图 6－11　习题 2 设计界面

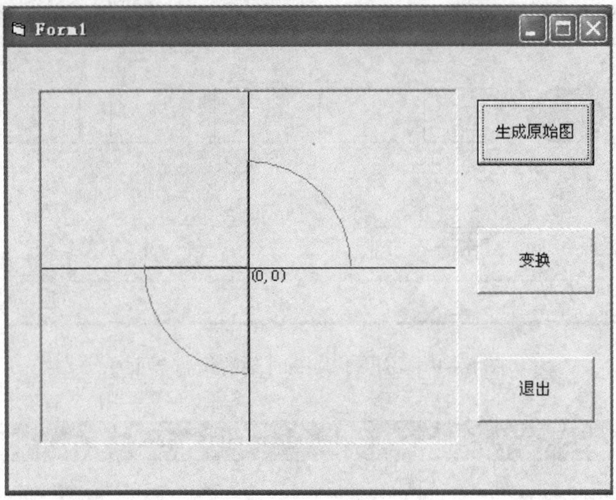

图 6-12 习题 2 单击“生成原始图”的运行结果界面

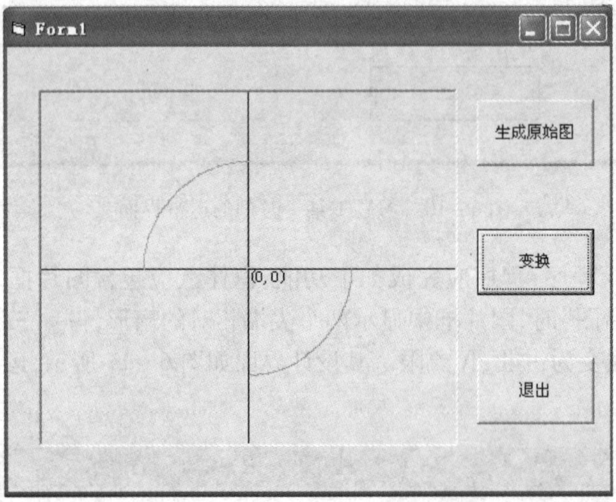

图 6-13 习题 2 单击“变换”的运行结果界面

实验7　对话框和菜单程序设计

7.1　实验目的

1. 掌握通用对话框控件的常用属性和方法,设计出具有 Windows 风格的对话框窗口

2. 熟悉菜单编辑器,掌握菜单控件的常用属性和 Click 事件,结合对话框控件设计出具有 Windows 风格的菜单

7.2　实验内容与指导

【实验7-1】　编写命令按钮 Command1 的单击事件 Click 过程:按"打开文件对话框选择图片文件",通过打开文件对话框控件 CommonDialog1,选择一个图片文件,将所选的文件名添加到列表框控件 List1 中,将图片显示在图片控件 Picture1 中,界面设计如图 7-1 所示。

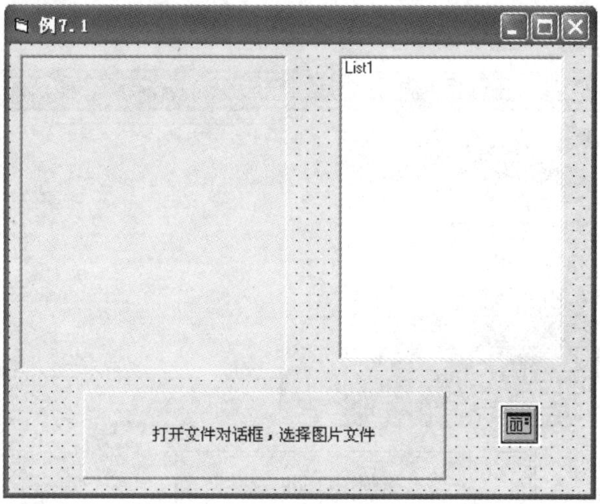

图 7-1　【实验 7-1】设计界面

【实验7-1】　解答

步骤一:建立界面

分析实验要求可知,最终用户界面应包括窗体,窗体上应包含图片框、列表框、命令按钮和通用对话框,具体界面设计如图 7-1。

步骤二:编写事件代码

根据实验要求,当程序运行时可能发生的事件为单击按钮 Command1 事件,所以事件代码应添加到命令按钮的单击事件中,如图 7-2 右侧所示的代码窗口所示。即:

```
Private Sub Command1_Click( )
```

```
End Sub
```

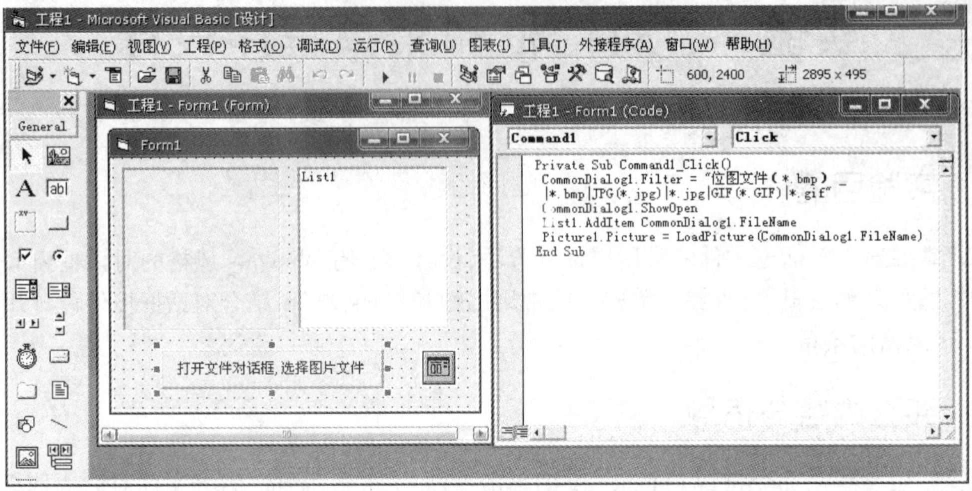

图 7-2 【实验 7-1】代码窗口

进一步分析，程序运行时单击命令按钮 Command1，选择图片文件后，将出现如图 7-3 所示的运行界面。

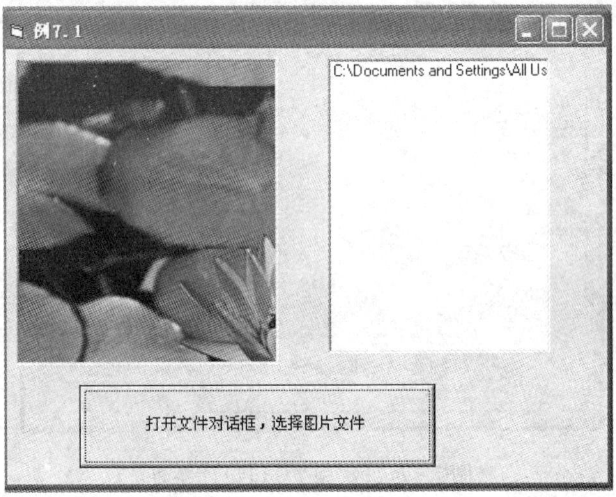

图 7-3 【实验 7-1】运行界面

程序代码如下所示：

```
Private Sub Command1_Click()
CommonDialog1. Filter = "位图文件( *. bmp) | *. bmp|JPG( *. jpg) | *. jpg|GIF( *. GIF) | *. gif"
CommonDialog1. ShowOpen
List1. AddItem CommonDialog1. FileName
Picture1. Picture = LoadPicture(CommonDialog1. FileName)
End Sub
```

本实验的知识点为：通用对话框控件的常用属性和方法的使用。

① 本实验利用了通话对话框控件来选择图片，添加公用对话框控件的过程："工程"菜单→"部件"对话框→"MicroSoft common Dialog control 6.0"→选中左边的复选框→单击"确定"，在工具箱中会新增一个 CommonDialog 控件的图标。通用对话框控件（CommonDialog）的功能是提供一组标准的操作对话框：如"打开"、"另存为"、"颜色"、"字体"、"打印"和"帮助"对话框。显示何种对话框，在程序中，可以通过对 Action 属性的设置来决定打开何种类型的通用对话框。Action 属性是只读属性，只能在程序中赋值，显示"打开"对话框设置方法为：CommonDialog1. Action = 1；除此之外，VB 还提供了显示"打开"对话框的方法：CommonDialog1. ShowOpen。

② "打开"对话框的 Filter 属性确定"打开"对话框中"文件类型"或"另存为"对话框的"保存类型"列表框中显示的文件类型。

文件说明字符|类型描述|文件说明字符|类型描述

如："位图文件(*.bmp)|*.bmp|JPG(*.jpg)|*.jpg|GIF(*.GIF)|*.gif"

【实验 7-2】 编写程序，建立一个命令按钮，用于打开一个 Windows 应用程序。文件类型里面只有"可执行文件(*.exe)"，界面设计如图 7-4 所示。

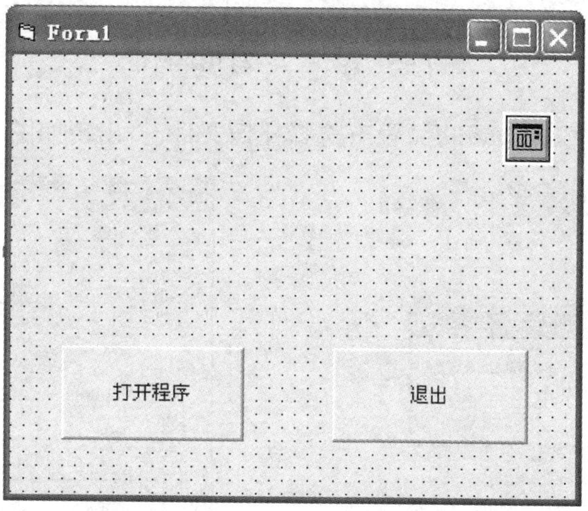

图 7-4 【实验 7-2】设计界面

【实验 7-2】 解答

步骤一：建立界面

分析实验要求可知，最终用户界面应包括窗体，窗体上应包含两个命令按钮和通用对话框，具体界面设计如图 7-4 所示。

步骤二：编写事件代码

根据实验要求，当程序运行时可能发生的事件为单击按钮 Command1 事件，所以事件代码应添加到命令按钮的单击事件中，见如图 7-5 右侧所示的代码窗口所示。即：

```
Private Sub Command1_Click( )
End Sub
```

进一步分析，程序运行时单击命令按钮 Command1，选择可执行文件后，将运行相应程序。如果选择非可执行文件，将出现如图 7-6 所示的运行界面。

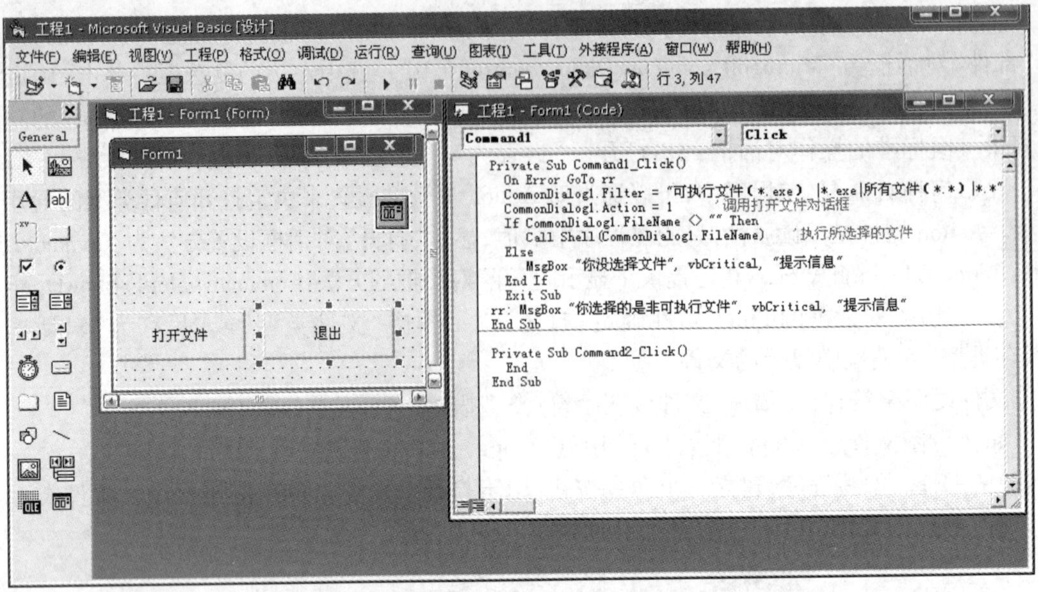

图 7-5 【实验 7-2】代码窗口

如果单击命令按钮 Command1 后,没有选择任何文件,将出现如图 7-7 所示的运行界面。

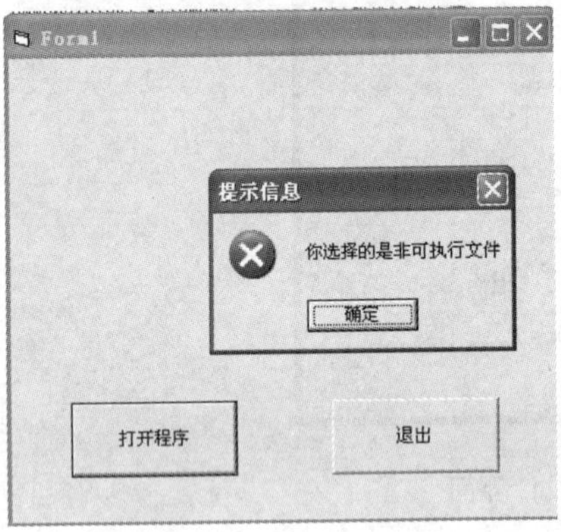

图 7-6 【实验 7-2】运行界面 1

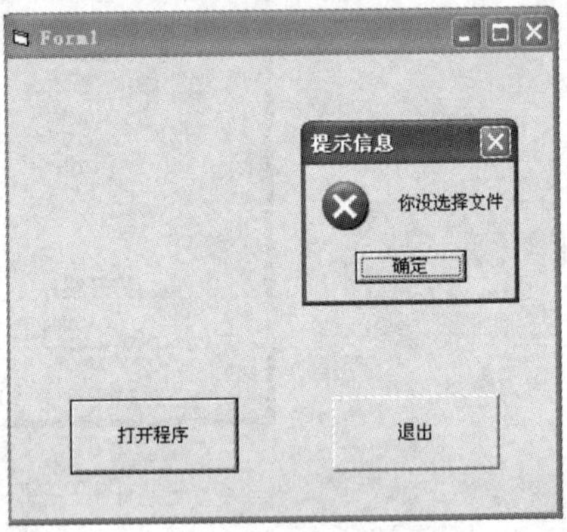

图 7-7 【实验 7-2】运行界面 2

程序代码如下所示:

```
Private Sub Command1_Click( )
  On Error GoTo rr
  CommonDialog1. Filter  =  "可执行文件( *. exe) | *. exe|所有文件( *. * ) | *. *"
                                                    '设置过滤器属性
  CommonDialog1. Action  =  1                        '调用打开文件对话框
  If CommonDialog1. FileName  < >  "" Then
     Call Shell( CommonDialog1. FileName)            '执行所选择的文件
  Else
     MsgBox "你没选择文件",vbCritical,"提示信息"
  End If
```

```
    Exit Sub
rr:MsgBox "你选择的是非可执行文件",vbCritical,"提示信息"
End Sub

Private Sub Command2_Click()
    End
End Sub
```

本实验知识点主要是通用对话框控件的常用属性和方法。

① 实验利用了通话对话框控件来选择指定格式的文件,在程序中,可以通过对 Action 属性的设置来决定打开显示"打开"对话框。设置方法为:CommonDialog1. Action = 1

除外,还可以用显示"打开"对话框的方法指定相应的对话框:

```
CommonDialog1.ShowOpen
```

② "打开"对话框的 Filter 属性确定"打开"对话框中"文件类型"或"另存为"对话框的"保存类型"列表框中显示的文件类型。

文件说明字符|类型描述|文件说明字符|类型描述

如:

可执行文件(*.exe)|*.exe|所有文件(*.*)|*.*

【实验 7-3】 编写程序,在形状控件中用不同的颜色进行填充,并显示单选按钮对应的图形,填充色通过一个通用对话框来选取,界面设计如图 7-8 所示。

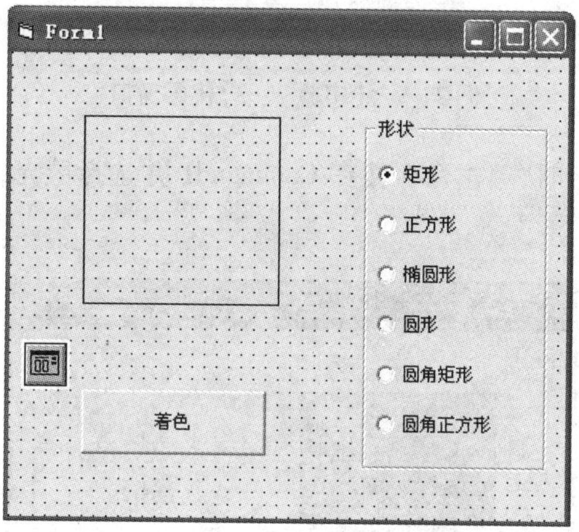

图 7-8 【实验 7-3】设计界面

【实验 7-3】 解答

步骤一:建立界面

分析实验要求可知,最终用户界面应包括窗体,窗体上应包含形状控件,框架控件,单选钮,命令按钮,通用对话框。具体界面设计如图 7-3 所示。其中框架控件的 Caption 属性设置为"形状"。六个单选按钮创建为控件数组,其 Caption 属性从上到下依次为:"矩形"、"正方形"、"椭圆形"、"圆形"、"圆角矩形"和"圆角正方形";index 属性从上到下依次为 0,1,2,3,4,

5。矩形单选按钮的 Value 属性设置为 True。

步骤二:编写事件代码

根据实验要求,当程序运行时可能发生的事件为单击按钮 Command1 和单击单选按钮事件,所以事件代码应添加到命令按钮的单击事件和单选钮单击事件中,见如图 7-9 右侧所示的代码窗口所示。即:

```
Private Sub Command1_Click( )
End Sub
Private Sub Option1_Click( Index As Integer)
End Sub
```

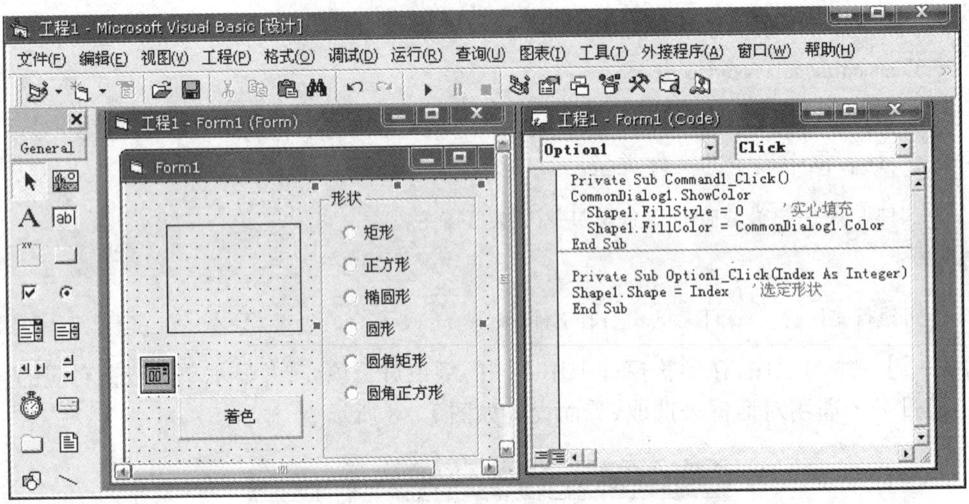

图 7-9 【实验 7-3】代码窗口

进一步分析,程序运行时,单击命令按钮 Command1 并选择填充红色后,将出现如图 7-10 所示的运行界面。

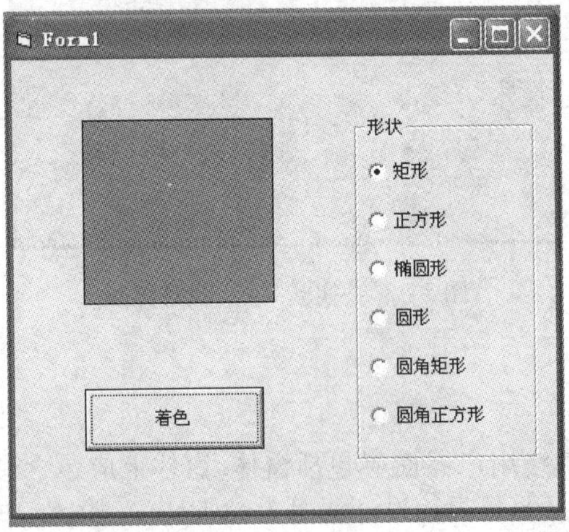

图 7-10 【实验 7-3】运行界面 1

当单击圆形单选按钮后，将出现如图 7－11 所示的运行界面。

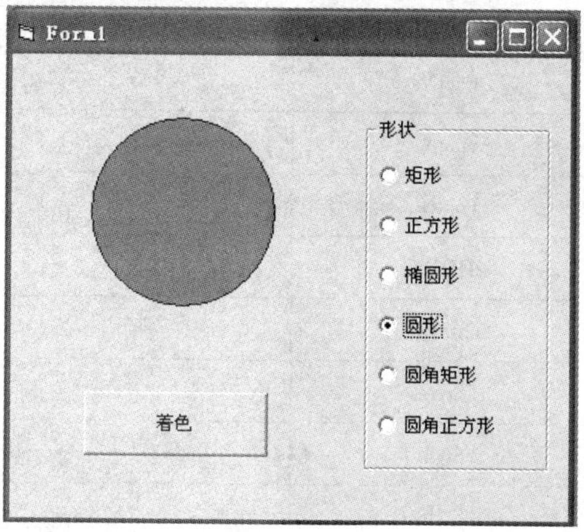

图 7－11 【实验 7－3】运行界面 2

程序代码如下所示：

```
Private Sub Command1_Click( )
CommonDialog1. ShowColor
  Shape1. FillStyle = 0            '实心填充
  Shape1. FillColor = CommonDialog1. Color
End Sub

Private Sub Option1_Click( Index As Integer)
    Shape1. Shape = Index          '选定形状
End Sub
```

本实验的知识点如下。

① 通用对话框控件的常用属性和方法。

本实验利用了通话对话框控件来提供“颜色”操作对话框，在程序中，通过对 Action 属性的设置来决定显示“颜色”对话框。Action 属性是只读属性，只能在程序中赋值。设置方法为：CommonDialog1. Action = 3；除此之外，还可以用显示“颜色”对话框的方法，来指定相应的对话框：CommonDialog1. ShowColor。

② 形状控件 Shape 的各种形状和颜色的设置。

③ 单选按钮控件数组的使用。

【实验 7－4】 设计一个菜单，各菜单项的属性设置如表 7－1 所示。要求控制标签上显示的文字及其字体、颜色等。

表 7－1 【实验 7－4】各菜单项属性

菜单标题(Caption)	菜单名称(Name)	索引值	备　注
字体	Font		
…. 字体名称	FName		

续表

菜单标题(Caption)	菜单名称(Name)	索引值	备　注
.... 宋体	FontN	0	快捷键 Ctrl + S
.... 楷体	FontN	1	快捷键 Ctrl + K
.... 黑体	FontN	2	快捷键 Ctrl + H
.... -	HHH		分隔条
.... 文本风格	FontStyle		
.... 粗体(&B)	FStyle	0	热键 B
.... 斜体(&I)	FStyle	1	热键 I
.... 下划线(&U)	FStyle	2	热键 U
颜色	FColor		
.... 文字颜色	color	0	
.... 背景颜色	color	1	
结束	Exit		

【实验 7 -4】 解答

步骤一:建立界面

分析实验要求可知,最终用户界面应包括窗体,窗体上应包含菜单、文本框控件和通用对话框。利用菜单编辑器按照表 7 - 1 所示的属性,建立下拉菜单。

步骤二:编写事件代码

根据实验要求,当程序运行时可能发生的各菜单 Click 事件,所以事件代码应填入菜单"字体"、"颜色"和"结束"的单击事件,如图 7 - 12 右侧的代码窗口所示。即:

```
Private Sub FontN_Click(Index As Integer)
End Sub

Private Sub FStyle_Click(Index As Integer)
End Sub

Private Sub Color_Click(Index As Integer)
End Sub

Private Sub Exit_Click()
End Sub
```

进一步分析,程序运行时,单击各菜单项,将出现如图 7 - 13 ~ 图 7 - 18 所示的运行界面。

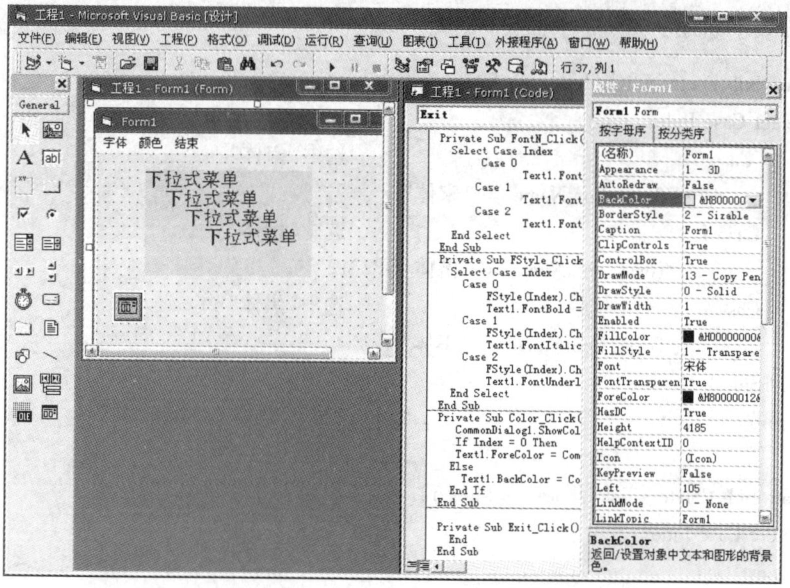

图 7－12　【实验 7－4】代码窗口

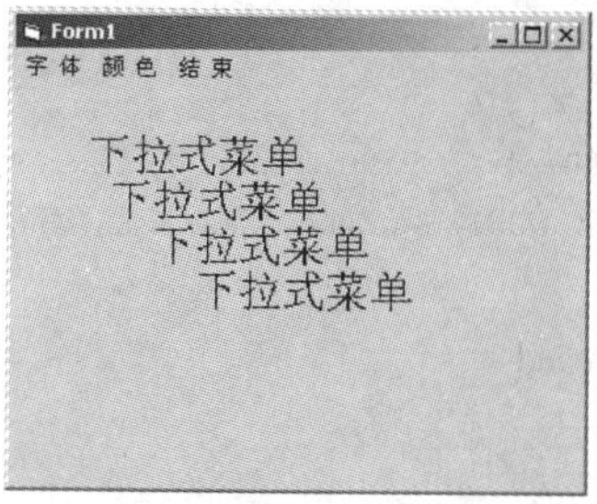

图 7－13　【实验 7－4】运行界面 1

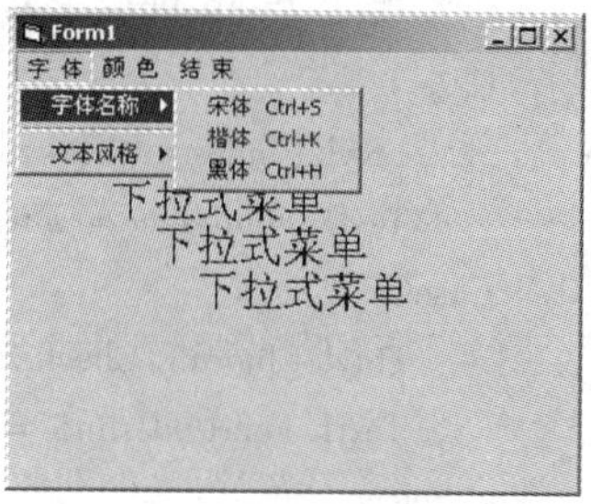

图 7－14　【实验 7－4】运行界面 2

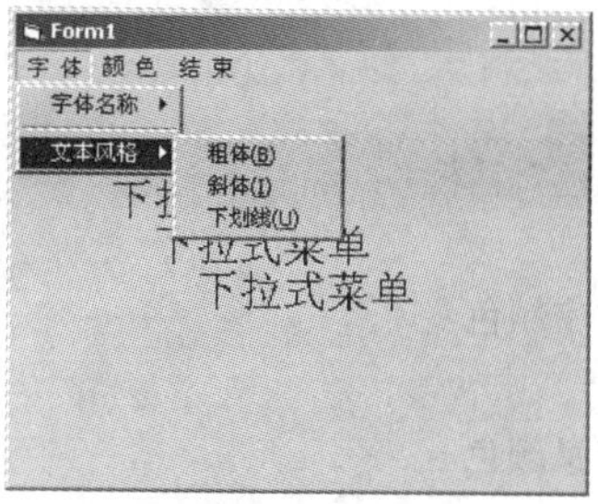

图 7－15　【实验 7－4】运行界面 3

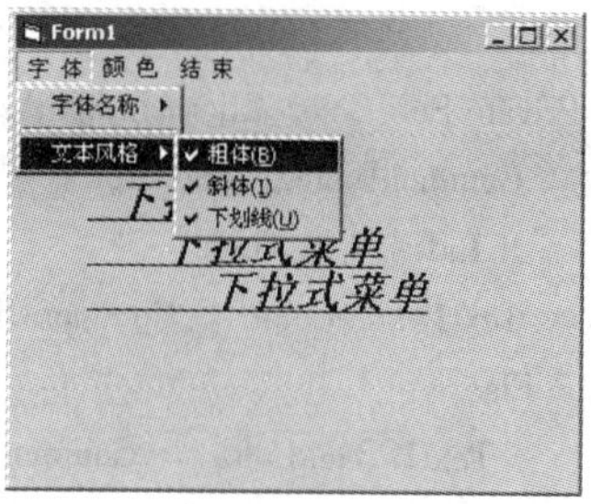

图 7－16　【实验 7－4】运行界面 4

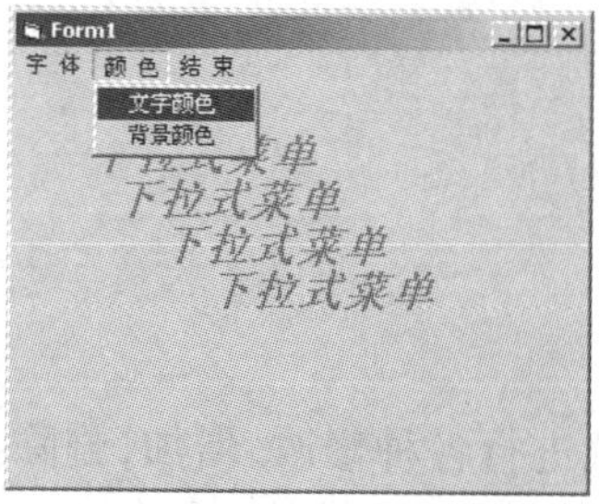

图 7－17　【实验 7－4】运行界面 5

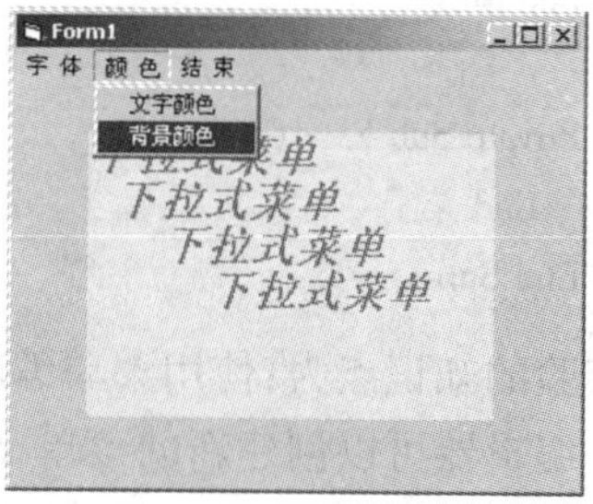

图 7－18　【实验 7－4】运行界面 6

程序代码如下所示：

```
Private Sub FontN_Click(Index As Integer)
  Select Case Index
      Case 0                                    '选中"宋体"
              Text1. FontName = "宋体"
      Case 1                                    '选中"楷体"
              Text1. FontName = "楷体_GB2312"
      Case 2                                    '选中"黑体"
              Text1. FontName = "黑体"
  End Select
End Sub

Private Sub FStyle_Click(Index As Integer)
  Select Case Index
    Case 0
        FStyle(Index). Checked = Not FStyle(Index). Checked
        Text1. FontBold = FStyle(Index). Checked
    Case 1
        FStyle(Index). Checked = Not FStyle(Index). Checked
        Text1. FontItalic = FStyle(Index). Checked
    Case 2
        FStyle(Index). Checked = Not Style(Index). Checked
        Text1. FontUnderline = FStyle(Index). Checked
  End Select
End Sub

Private Sub Color_Click(Index As Integer)
    CommonDialog1. ShowColor                    '打开颜色对话框
    If Index = 0 Then
    Text1. ForeColor = CommonDialog1. Color     '设置文字颜色
   Else
      Text1. BackColor = CommonDialog1. Color   '设置背景颜色
   End If
End Sub

Private Sub Exit_Click()
   End
End Sub
```

本实验的知识点为：使用菜单编辑器来设计菜单。

菜单编辑器可以创建新的菜单，还可对现有菜单系统进行各种修改，增加，删除等。关闭“菜单编辑器”后，还可以在属性窗口设置菜单控件的属性。

菜单标题和它下拉出的各项菜单项都是控件，与命令按纽一样。在设计和运行时，可以对它们的 Caption、Enabled、Visible、Checked 等属性进行设置。

菜单控件只有一个 Click 事件。

小结

本次实验主要内容为：如何使用菜单编辑器给程序增加菜单，如何使用程序代码处理菜单选择，如何使用通用对话框控件显示各种标准对话框。

内容难点为：菜单是应用程序界面经常出现的对象，可以把多个程序功能集成在一个窗体界面中，如何利用菜单增强 VB 应用程序功能的条理性。

学习重点为：使用程序代码处理菜单选择。

课后实验（要求读者参见上述实例独立完成）

1. 编写程序：当选择“浏览图片”按钮时，弹出打开文件对话框，并且初始路径为 d:\VB，打开的文件类型为图片文件 *.bmp，*.jpg 和所有文件 *.*，默认打开文件类型为 *.bmp。当选择一个文件以后，该图片文件在窗体上的图片框中显示。

2. 在图片框控件 Picture 居中的位置用不同的填充色画一个与图片框内切的椭圆，填充色通过一个通用对话框来选取。界面设计如图 7-19 所示。

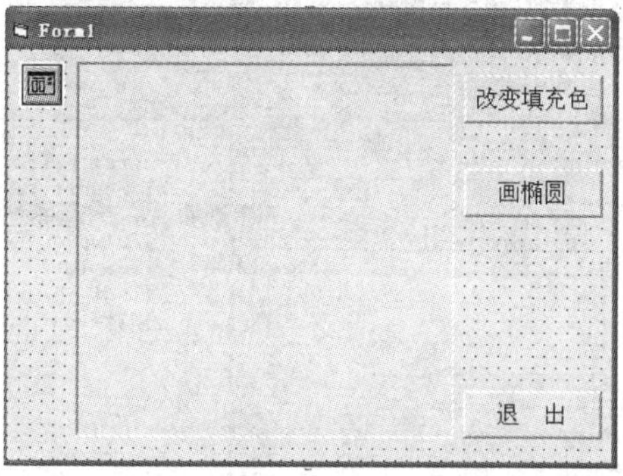

图 7-19　习题 2 界面设计

3. 编写程序：设计一个窗体，当右击窗体时，出现一个快捷菜单。菜单中有 3 个菜单项，分别为“红色”、“绿色”和“蓝色”。当单击某个菜单项时，窗体的背景色将成为相应的颜色。

实验8 文　　件

8.1 实验目的

1. 掌握顺序文件的基本操作,包括文件的打开、读写和关闭等命令
2. 掌握文件系统三控件的基本使用方法,能设计三控件协同工作的程序
3. 掌握常用文件操作命令的格式和使用方法,能编写与文件操作有关的一般性应用程序

8.2 实验内容与指导

【实验8-1】 在窗体上放置一个目录列表框控件 Dir1,三个标签控件,一个列表框控件 List1。程序运行时,设置初始目录为 c:\Program Files。双击 Dir1 中的列表项,改变当前目录,同时在三个标签框中分别显示当前目录、当前 ListIndex 和 ListCount 的值。在列表框 List1 中显示当前目录的所有下一级目录的目录路径信息。界面设计如图 8-1 所示。

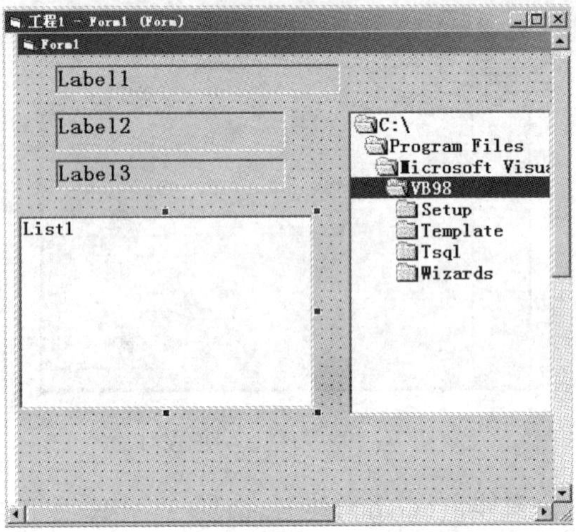

图 8-1 【实验8-1】设计界面

【实验8-1】 解答

步骤一:建立界面

分析实验要求可知,最终用户界面应包括窗体,窗体上应包含一个目录列表框控件 Dir1,三个标签控件,一个列表框控件 List1,具体界面设计如图 8-1 所示。

步骤二:编写事件代码

根据实验要求,目录列表框的初始目录是 c:\Program Files,所以在窗体加载事件中要加入相应代码。双击控件 Dir1 时将执行 Dir1_Change(),所以事件代码应添加到目录列表框的 Change 事件中。需在如下事件中填写代码。如图 8-2 右侧的代码窗口所示。即:

```
Private Sub Form_Load( )
End Sub

Private Sub Dir1_Change( )
End Sub
```

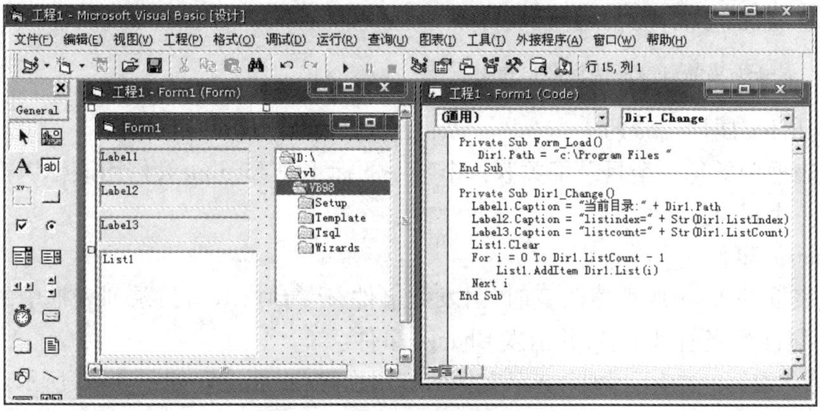

图 8－2　【实验 8－1】的代码窗口

程序运行时，双击 c:\windows 目录，将出现如图 8－3 所示的运行界面。

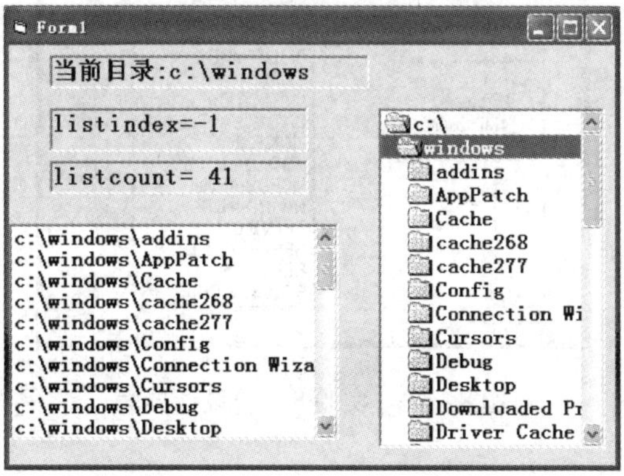

图 8－3　【实验 8－1】运行界面

程序代码如下所示：

```
Private Sub Form_Load( )
    Dir1. Path = "c:\Program Files "
End Sub

Private Sub Dir1_Change( )
   Label1. Caption = "当前目录:" + Dir1. Path
   Label2. Caption = "listindex = " + Str( Dir1. ListIndex)
   Label3. Caption = "listcount = " + Str( Dir1. ListCount)
   List1. Clear
```

```
    For i  = 0 To Dir1. ListCount - 1
        List1. AddItem   Dir1. List(i)
    Next  i
            End Sub
```

本实验的知识点为目录列表框控件的常用属性和事件。

(1) Path 属性(字符串类型)

Path 属性为当前目录或选择的目录名.

(2) ListIndex 属性(整数)

目录列表框中的每一个目录都关联一个唯一的标识符 ListIndex,借用该标识符,可区别列表框中的每一个目录。

(3) Change 事件

目录列表框的 path 属性值改变时,引发此事件,运行时,双击目录列表框中的列表选项,可改变 path 属性为当前目录名,并引发 Change 事件。

【实验 8 -2】 编写一个用于删除选定文件的应用程序,界面设计如图 8 -4 所示。

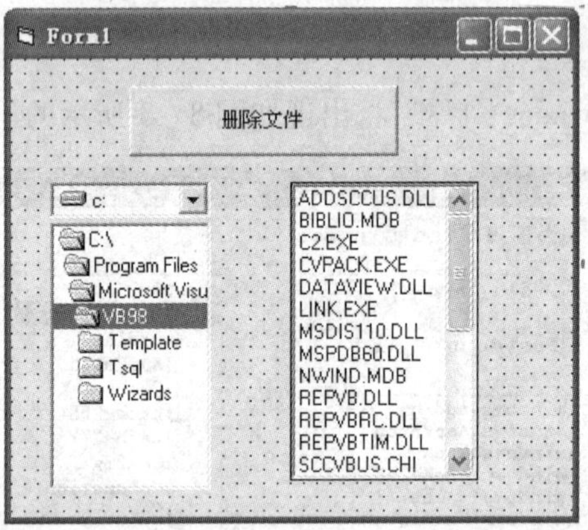

图 8 -4 【实验 8 -2】设计界面

【实验 8 -2】 解答

步骤一:建立界面

分析实验要求可知,最终用户界面应包括窗体,窗体上应包含一个盘驱动器列表框控件 Drive1,一个目录列表框控件 Dir1,一个文件列表框控件 File1,一个命令按钮。具体界面设计如图 8 -4 所示。

步骤二:编写事件代码

根据实验要求,程序运行时,盘驱动器列表框控件 Drive1、目录列表框控件 Dir1 和文件列表框控件 File1 应同步变化相应的内容,这就要在 Drive1_Change( )和 Dir1_Change( )事件中添加相应代码。单击 File1 控件,选择需删除的文件后,单击删除命令按钮。需在如下事件中填写代码,如图 8 -5 右侧的代码窗口所示。即:

```
Private Sub Drive1_Change( )
End Sub
```

```
Private Sub Dir1_Change()
End Sub
Private Sub File1_Click()
End Sub
Private Sub Command1_Click()
End Sub
```

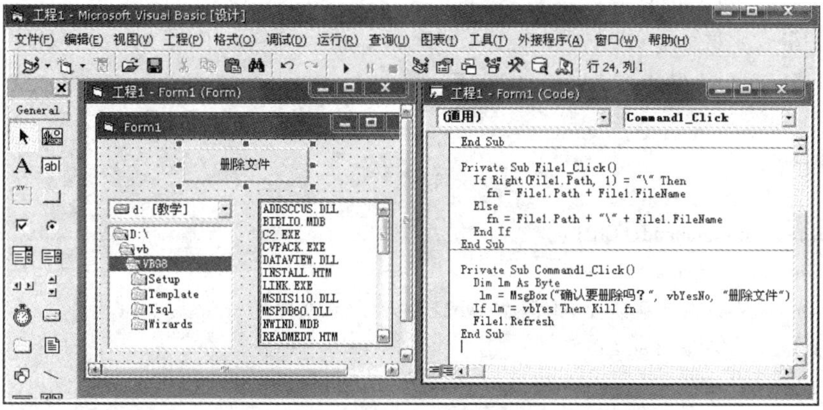

图 8 - 5　【实验 8 - 2】的代码窗口

进一步分析，程序运行时，需定义一个全局变量存储选择删除的文件名，在 File1_Click() 事件中赋值。将出现如图 8 - 6 所示的运行界面，并且在删除前弹出对话框，用来确认是否真的要删除。

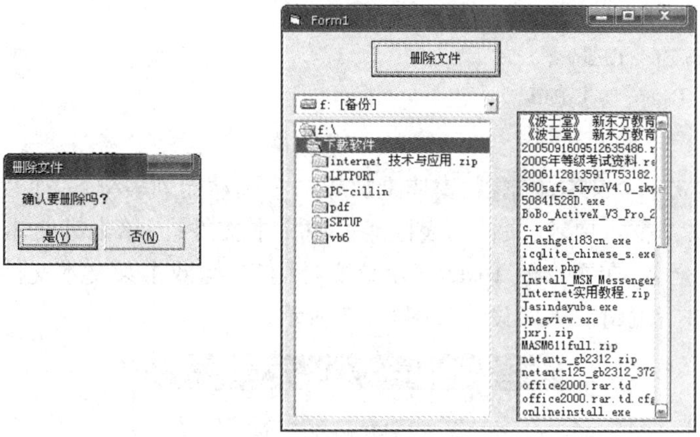

图 8 - 6　【实验 8 - 2】的运行界面

程序代码如下所示：

```
Dim fn As String
Private Sub Drive1_Change()
  Dir1.Path = Drive1.Drive
End Sub
```

```
Private Sub Dir1_Change( )
  File1. Path  =  Dir1. Path
End Sub

Private Sub File1_Click( )
  If Right( File1. Path,1 )  =  "\" Then
    fn  =  File1. Path  +  File1. FileName
  Else
    fn  =  File1. Path  +  "\"  +  File1. FileName
  End If
End Sub

Private Sub Command1_Click( )
  Dim lm As Byte
   lm  =  MsgBox( "确认要删除吗?" ,vbYesNo, "删除文件" )
  If lm  =  vbYes Then Kill fn
  File1. Refresh
End Sub
```

本实验在使用 Drive1 ,Dir1 ,File1 三个列表框控件时,编制了下列事件过程,则程序运行时对这些列表框所作选择,可起到调用通用(文件) 对话框的作用。

```
Private Sub Drive1_Change( )
    Dir1. Path = Drive1. Drive
End Sub
Private Sub Dir1_Change( )
    File1. Path = Dir1. Path
End Sub
```

【实验 8 -3】 建立一个文本浏览器,窗体上放置一个驱动器列表框、一个目录列表框、一个文件列表框和两个文本框。要求:文件列表框能过滤文本文件;当单击某文本文件名后,在文本框 Textl 显示文件全名,在文本框 Text2 显示该文件内容;当双击某文本文件名后,调用记事本程序对文本文件进行编辑。界面设计如图 8 -7 所示。

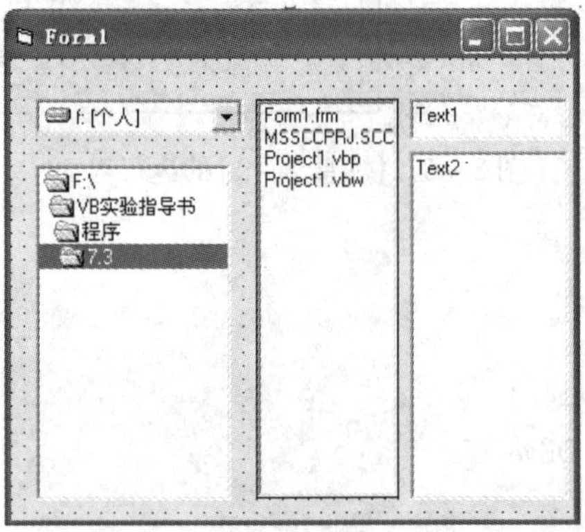

图 8 -7 【实验 8 -3】设计界面

【实验 8-3】 解答

步骤一:建立界面

分析实验要求可知,最终用户界面应包括窗体,窗体上应包含一个盘驱动器列表框控件 Drive1,一个目录列表框控件 Dir1,一个文件列表框控件 File1,两个文本框控件。具体界面设计如图 8-3 所示。

步骤二:编写事件代码

根据实验要求,程序运行时,盘驱动器列表框控件 Drive1、目录列表框控件 Dir1 和文件列表框控件 File1 需同步变化相应内容,这就要在 Drive1_Change( ) 和 Dir1_Change( ) 事件中添加代码。单击 File1 控件,在文本框 1 中显示文件名,在文本框 2 中显示文件内容。双击 File1 控件会调用记事本程序对文本文件进行编辑。在窗体加载事件中要加入设置在文件列表框中只显示扩展名为 txt 的文件的相应代码。需在如下事件中填写代码,如图 8-8 右侧的代码窗口所示。即:

```
Private Sub Drive1_Change( )
End Sub
Private Sub Dir1_Change( )
End Sub
Private Sub File1_Click( )
End Sub
Private Sub File1_DblClick( )
End Sub
Private Sub Form_Load( )
End Sub
```

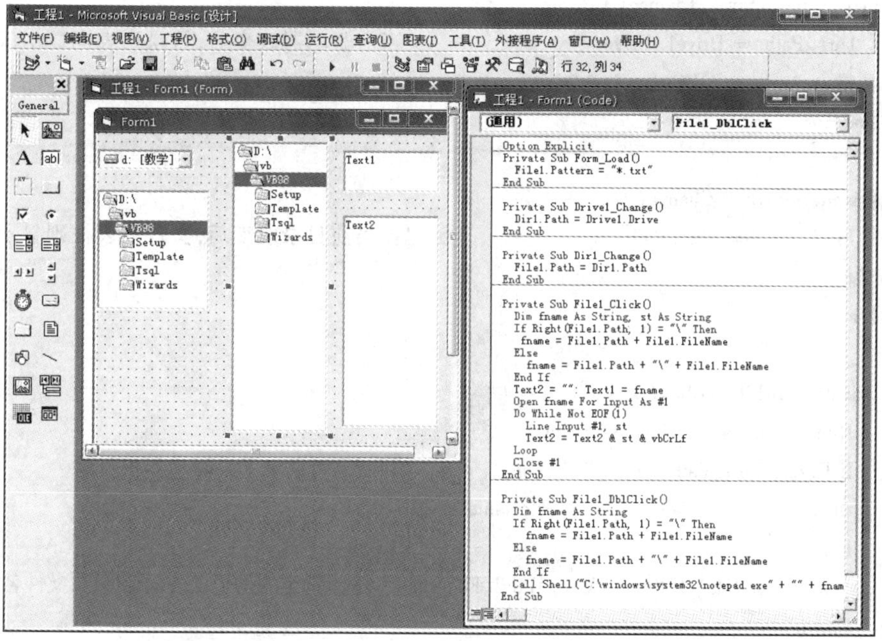

图 8-8　【实验 8-3】的代码窗口

进一步分析,程序运行时,在 File1_Click( )和 File1_DblClick( )事件中都需定义一个变量存储选择的文件名。选择文本文件后,单击 File1 后,程序运行界面如图 8 -9 所示,双击文件名后,会调用记事本程序对文本文件进行编辑。

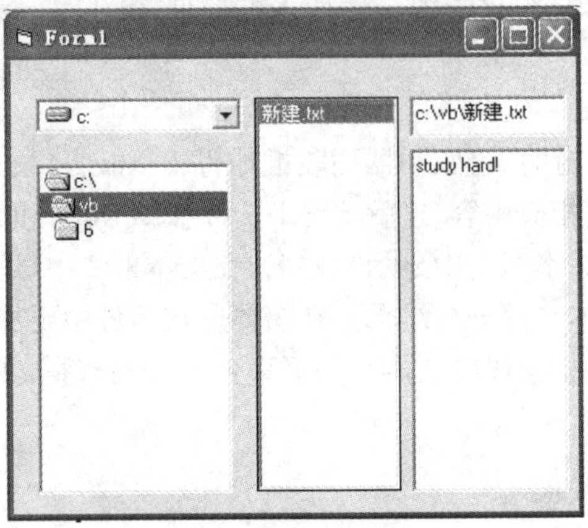

图 8 -9 【实验 8 -3】运行界面

程序代码如下所示:

```
Option Explicit
Private Sub Form_Load( )
  File1. Pattern = " *. txt"                  '设置在文件列表框中只显示扩展名为 txt 的文件
End Sub

Private Sub Drive1_Change( )
  Dir1. Path = Drive1. Drive                  '当前驱动器改变后,目录列表框显示该驱动器下
目录
End Sub

Private Sub Dir1_Change( )
  File1. Path = Dir1. Path                    '在当前目录改变后,文件列表框则显示该目录下
文件
End Sub

Private Sub File1_Click( )
  Dim fname As String,st As String
  If Right(File1. Path,1) = "\" Then          '判断是否选定了某驱动器根目录
   fname = File1. Path + File1. FileName
  Else
    fname = File1. Path + "\" + File1. FileName  '表示选定的是子目录,子目录与文件名之间加"\"
  End If
  Text2 = "":Text1 = fname                    '将所得文件全名在文本框 1 中显示
  Open fname For Input As #1                  '打开所选文件用于输入数据
```

```
    Do While Not EOF(1)                          '读该文件直至文件末尾(End Of File)
      Line Input #1,st
      Text2 = Text2 & st & vbCrLf                'VB 常数 vbCrLf 等价于 Chr(13) + Chr(10)
    Loop
    Close #1
  End Sub

  Private Sub File1_DblClick()
    Dim fname As String
    If Right(File1.Path,1) = "\" Then
      fname = File1.Path + File1.FileName
    Else
      fname = File1.Path + "\" + File1.FileName
    End If
    Call Shell("C:\windows\system32\notepad.exe" +"" + fname,1)
  End Sub
```

本实验涉及以下两个知识点。

① 本实验直接调用外部可执行文件的 Shell 函数,调用格式:

```
Call Shell ( FileName [ ,Window_Style ])
```

或:

```
<变量名> = Shell(FileName[ ,Window_Style])
```

此函数执行参数 FileName(字符串类型)指定可执行文件(.exe,.com,.bat)。

② WindowStyle 参数指定当前窗口与被调文件窗口的不同状态。其值为:0,1,2,3,4,6,如省略此参数,则以最小化方式启动。

【实验 8-4】 建立一简单文本编辑器。在文本框中可录入文本内容,当单击“保存”按钮后,可以将文本框中的内容追加写入文件 d:\score.dat,并清空文本框;单击“结束”按钮可结束程序运行。界面设计如图 8-10 所示。

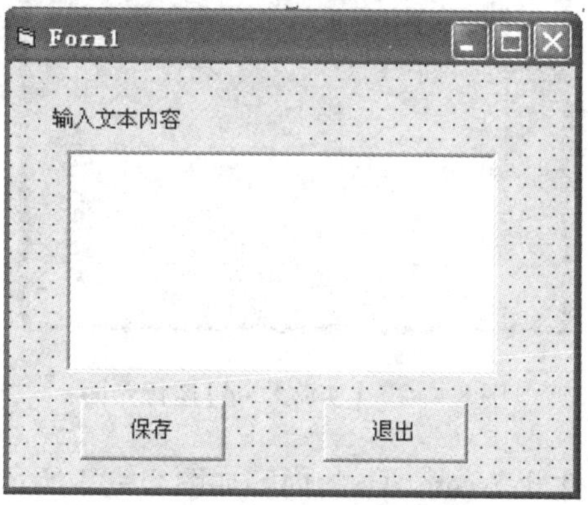

图 8-10 【实验 8-4】设计界面

【实验 8－4】 解答

步骤一:建立界面

分析实验要求可知,最终用户界面应包括窗体,窗体上应包含一个文本框,两个命令按钮和一个标签控件。具体界面设计如图 8－10 所示。

步骤二:编写事件代码

根据实验要求,程序运行时单击“保存”按钮,会将文本框中的内容保存到文件中;单击“退出”按钮,程序将结束运行。需在如下事件中填写代码,如图 8－11 右侧的代码窗口所示。即:

```
Private Sub Command1_Click( )            '保存
End Sub

Private Sub Command2_Click( )            '退出
End Sub
```

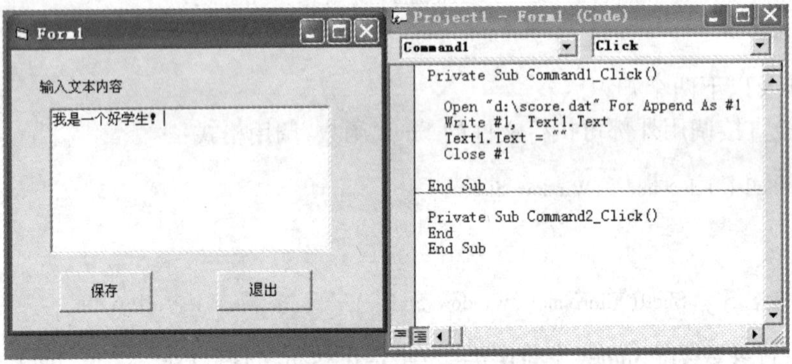

图 8－11 【实验 8－4】运行及代码界面

程序运行时,在文本框中输入“我是一个好学生!”,运行界面如图 8－12 所示。

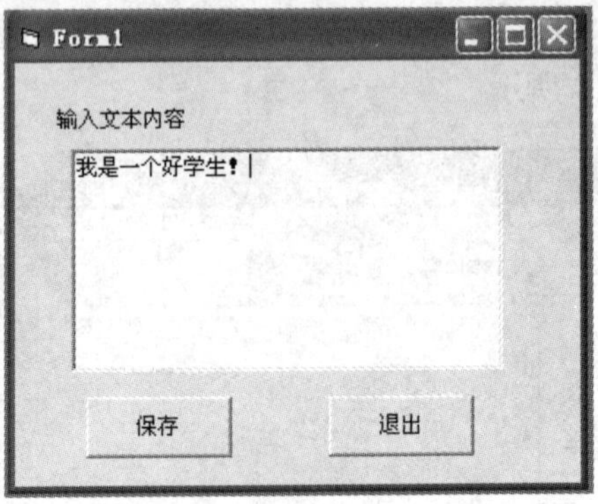

图 8－12 【实验 8－4】运行界面

单击“保存”按钮后,文件 d:\score. dat 的内容如图 8－13 所示。

单击“保存”按钮后,文本框中内容清空,继续在文本框中输入“努力学习,天天进步!”,单击“保存“按钮后,文件 d:\score. dat 的内容如图 8－14 所示。

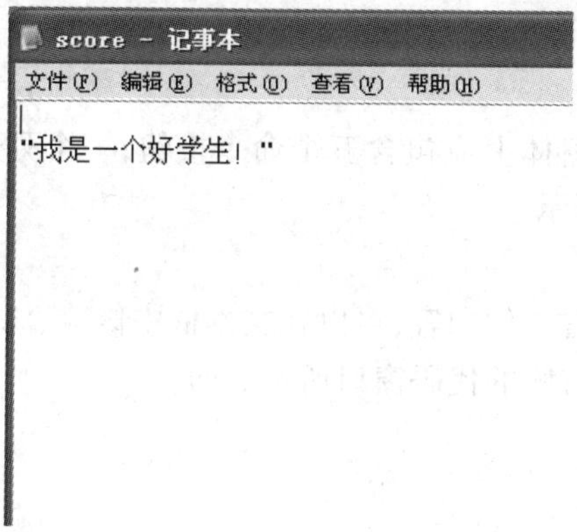

图 8－13　【实验 8－4】文件运行结果界面 1

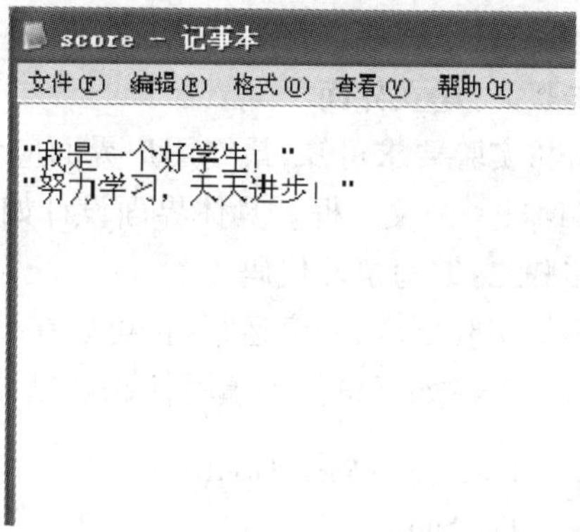

图 8－14　【实验 8－4】文件运行结果界面 2

程序代码如下所示：

```
Private Sub Command1_Click()
  Open "d:\score.dat" For Append As #1
  Write #1,Text1.Text
  Text1.Text = ""
  Close #1
End Sub

Private Sub Command2_Click()
End
End Sub
```

本实验涉及的知识点如下。

顺序文件的写操作的步骤：使用 Open ＜文件名＞ For Input | output | Append As [#]文件号；使用 Write #　（写语句）写入文件中内容。

【实验 8－5】　编写程序，将磁盘文件 d:\ score.dat 中若干个学生的姓名、学号、两门课程（数学、语文）考试成绩显示在列表框中，并且能实现以下功能：在文本框中直接输入的文本可以追加；单击列表框某项，则该项可删除；文本框中的文本修改后可修改列表框中的对应选项；首次运行时，文件可以为空，退出系统前应保存文件。界面设计如图 8－15 所示。

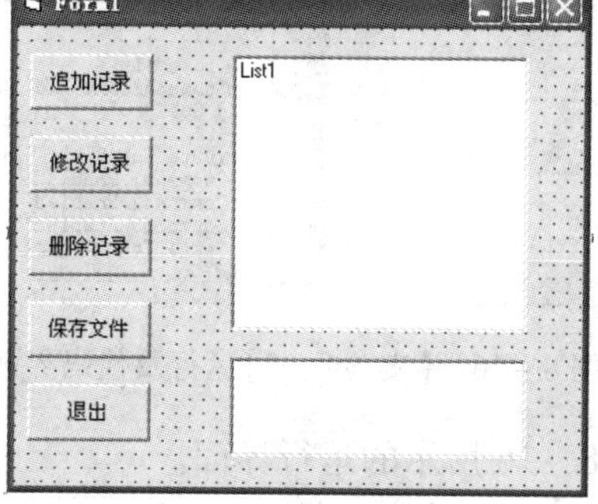

图 8－15　【实验 8－5】设计界面

【实验 8－5】 解答

步骤一：建立界面

分析实验要求可知，最终用户界面应包括窗体，窗体上应包含五个命令按钮，一个列表框控件 List1，一个文本框。具体界面设计如图 8－15 所示。

步骤二：编写事件代码

根据实验要求，程序运行时，可以在列表框中查看文件内容，可以在文本框中修改、添加文件内容。需在如下事件中填写代码。见如图 8－16 右侧的代码窗口所示。即：

```
Private Sub Form_Load()
End Sub
Private Sub List1_Click()                '选中表项后可"删除"或"修改",不可"追加"
End Sub
Private Sub Command1_Click()             '追加记录
End Sub
Private Sub Command2_Click()             '修改记录
End Sub
Private Sub Command3_Click()             '删除记录
End Sub
Private Sub Command4_Click()             '保存文件
End Sub
Private Sub Command5_Click()             '退出
   End Sub
```

如文件中的初始内容是：

姓名	学号	数学	语文
张三	0701	86	90
刘萌	0702	92	88
李磊	0703	79	89

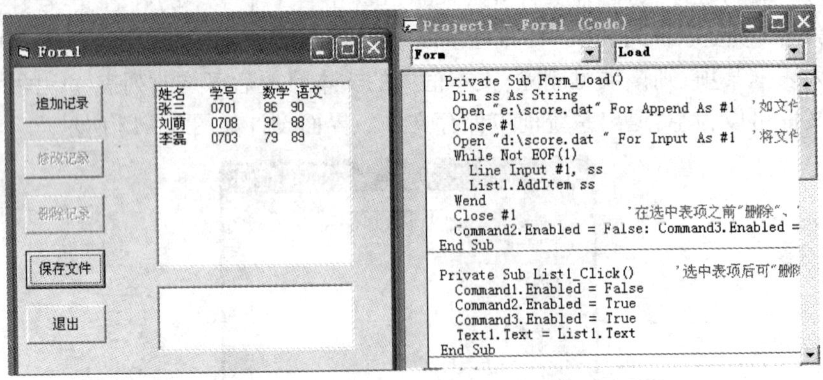

图 8－16 【实验 8－5】运行及代码界面

程序运行时，将出现如图 8－16 所示的运行界面。

在文本框中输入第四个学生的成绩："王涛　　0704　　91　　86"，程序运行界面如图 8－17 所示。

单击“追加记录”按钮后,程序运行界面如图 8－18 所示。

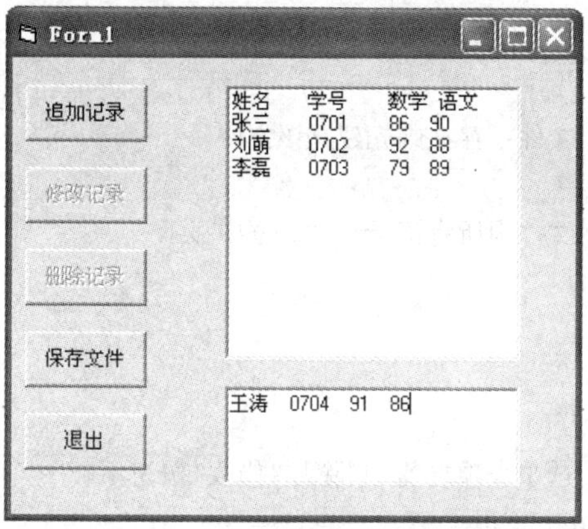

图 8－17 【实验 8－5】运行界面 2

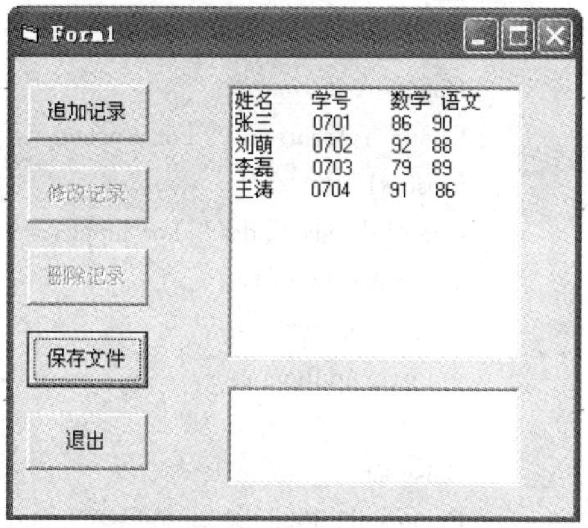

图 8－18 【实验 8－5】运行界面 3

单击列表框中“刘萌”的记录后,程序运行界面如图 8－19 所示。

在文本框中将“刘萌”的学号修改为“0708”,再单击“修改记录”按钮,程序运行界面如图 8－20 所示。

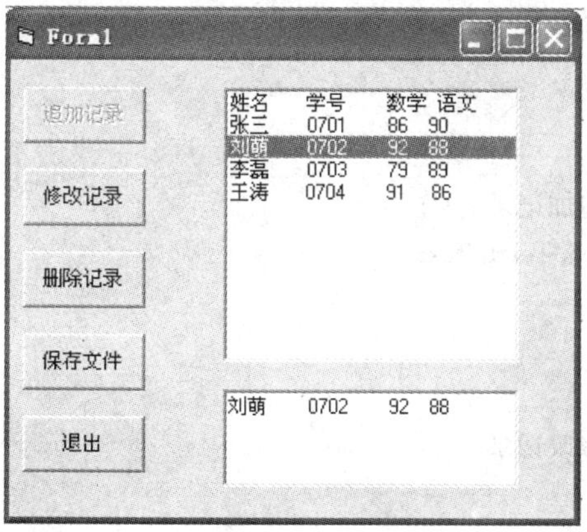

图 8－19 【实验 8－5】运行界面 4

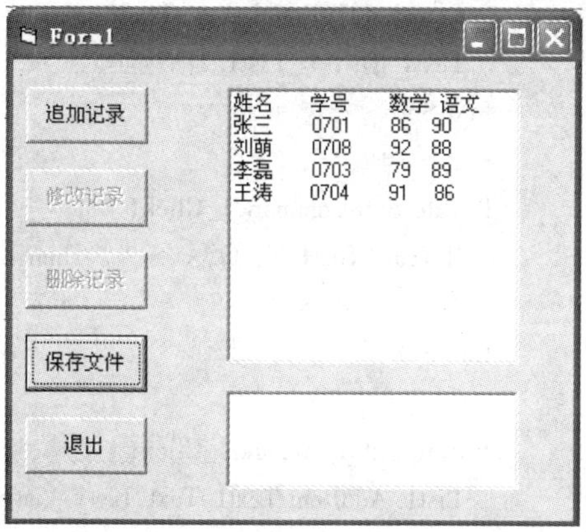

图 8－20 【实验 8－5】运行界面 5

单击“保存文件”按钮,文件的内容发生改变,如图 8－21 所示。

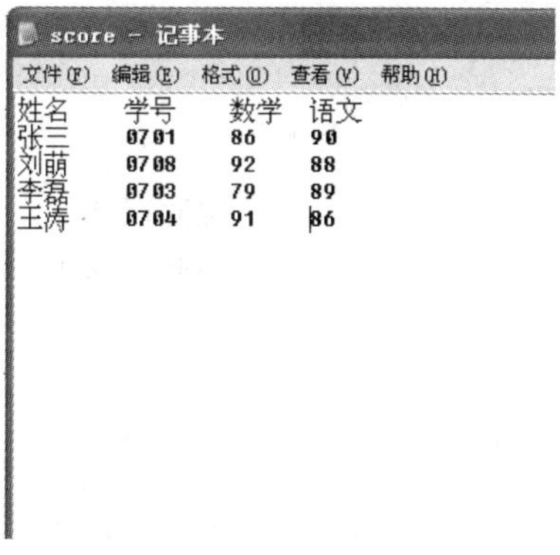

图 8－21 【实验 8－5】文件结果界面

程序代码如下所示：

```
Private Sub Form_Load( )
  Dim ss As String
  Open "e:\score.dat" For Append As #1        '如文件不存在则先建立该文件
  Close #1
  Open "d:\score.dat " For Input As #1        '将文件中所有记录在列表框中显示
  While Not EOF(1)
    Line Input #1,ss
    List1.AddItem ss
  Wend
  Close #1                                    '在选中表项之前"删除"、"修改"按钮不可用
  Command2.Enabled = False:Command3.Enabled = False
End Sub

Private Sub List1_Click( )                    '选中表项后,可进行"删除"或"修改",不可"追加"
  Command1.Enabled = False
  Command2.Enabled = True
  Command3.Enabled = True
  Text1.Text = List1.Text
End Sub

Private Sub Command1_Click( )                 '追加记录
  If Trim(Text1.Text) <> "" Then List1.AddItem Text1.Text
  Text1.Text = ""
End Sub

Private Sub Command2_Click( )                 '修改记录
  List1.AddItem Text1.Text,List1.ListIndex
  List1.RemoveItem List1.ListIndex
  Command1.Enabled = True
  Command2.Enabled = False                    '修改后,不可"删除"、"修改"
  Command3.Enabled = False
  Text1.Text = ""
End Sub

Private Sub Command3_Click( )                 '删除记录
  List1.RemoveItem List1.ListIndex            '删除后,不可"删除"、"修改"
  Command1.Enabled = True
  Command2.Enabled = False
  Command3.Enabled = False
  Text1.Text = ""
End Sub
```

```
Private Sub Command4_Click( )                    '保存文件,将列表框中所有表项输出到文件
  Dim i As Integer
  Open "d:\score.dat" For Output As #1
      For i = 0 To List1.ListCount - 1
          Print #1,List1.List(i)
      Next i
  Close #1
End Sub
Private Sub Command5_Click( )                     '退出之前先保存文件
  Call Command4_Click:End
End Sub
```

本实验涉及文本文件的顺序访问,在使用文件前,要先打开该文件,才可以对它进行访问,结束后,要关闭文件。

1. 打开、关闭文件

(1) 打开文件

打开文件的格式如下:

```
Open 文件名 For Input | output | Append As [#]文件号
```

其中,Input 表示从文件读入数据(总是从文件的开头读文件,如文件不存在,则出错);Output 表示把数据写入文件(如文件不存在,则创建文件,如文件已存在,覆盖原有内容);Append 表示追加数据到文件尾(如文件不存在,则创建文件)。

(2) 关闭文件

关闭文件的格式如下:

```
Close  [#文件号1],[ [#文件号2],…]
```

若要关闭所有已打开的文件,格式如下:

```
Close
```

2. 写顺序文件

写顺序文件之前,应使用 Output 或 Append 打开文件,可用下列语句把变量,常量,或表达式的值写入顺序文件。

(1) Print#语句格式

```
print  #文件号,[表达式列表]
```

(2) Write# 语句格式

```
write  #文件号,[表达式列表]
```

3. 读顺序文件

要从顺序文件中读入数据到变量中以供后续处理,则必须以 Input 方式打开顺序文件。读顺序文件有下列语句。

（1）Input #语句格式

Input #文件号,<变量名列表>

（2）Line Input 语句格式

Line Input #文件号,字符串变量

小结

本次实验主要内容为：通过文件管理控件的学习，创建类似 Windows 资源管理器的文件操作对话框，用于选择文件；使用目录和文件操作语句，实现对目录和文件的操作；掌握数据文件的基本操作，包括打开、读写，等等，可以保存和恢复运算结果。

内容难点为：常用文件操作命令的格式和使用方法，编写与文件操作有关的应用程序。

学习重点为：顺序文件的基本操作；文件系统三控件的基本使用方法；常用文件操作命令的格式和使用方法。

课后实验（要求读者参见上述实例独立完成）

1. 编写程序：文件 d:\score. dat 中的每行存放 1 个学生的姓名、出生年月、学号和两门功课的成绩，显示所有总分小于 160 分的学生信息。

2. 编写程序：将文件 d:\score. dat 中若干个学生的姓名、出生年月、学号和两门考试成绩显示在列表框中。要求：直接在文本框中输入的内容可以追加；单击列表框某项，则该项可以删除或修改；首次运行时文件可以为空。

3. 编写程序：文件列表框仅显示 *. txt 和 *. dat 文件，双击选中的文件时，在文本框 1 显示该文件的内容。当单击“设置字体并存盘”按钮时，可以改变字体、颜色、字号等属性，在文本框 2 显示设置后的效果，同时通过对话框将设置后的结果另存为一个文件。

4. 使用通用对话框，打开文件，将其内容输入文本框进行修改，可以保存修改结果。窗体中包括一个文本框、三个命令按钮、一个通用对话框控件。界面设计如图 8-22 所示。

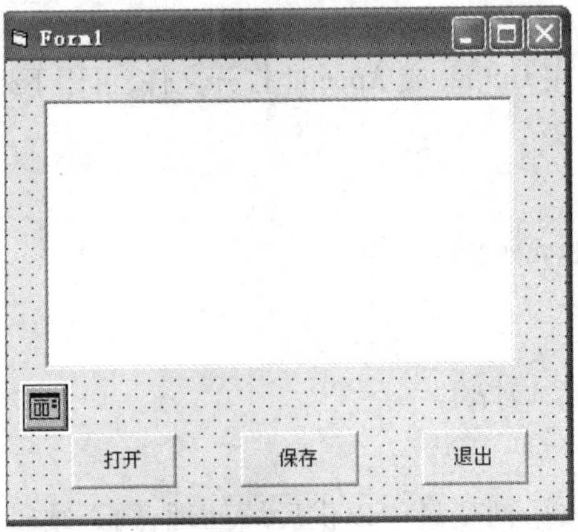

图 8-22 习题 4 界面设计

第二部分　模拟试题

模拟试题 1

1. 阅读下列程序说明和程序，在每小题提供的可选答案中挑选一个正确答案。

【程序说明】单击窗体后输入一个不小于 6 的正整数，然后输出该数所有的质数因子（如输入 6 则输出“2 3”，输入 60 则输出“2 2 3 5”，等等）。

【程序】

```
Private Sub f(  (1)  )
Dim i As Integer
i = 2
Do While  (2)
   If  (3)  Then k = k / i: Print i; Else i = i + 1
Loop
End Sub
Private Sub Form_Click( )
Dim n As Integer
Do
   n = InputBox( "n" )
Loop  (4)
Call f(n)
Print
End Sub
```

【供选择的答案】

(1) A. n As Integer　　B. k As Integer

　　C. Byval n As Byte　　D. I As Integer

(2) A. k > 1　　B. k >= 1　　C. k = 1　　D. k Mod i = 0

(3) A. k\i = 0　　B. k\i * i = 0　　C. n Mod i = 0　　D. (k\i) * i = k

(4) A. Until n > 6　　B. While n >= 6　　C. Until n >= 6　　D. While n > 6

本题考查的知识点如下：

① 因为输入的是整数，所以 k 为整型即可。

② 随着 k 不断被 k = k / i 赋新值，因此 k 会越来越小，但不会等于 1，因为 1 不是质数。

③ (k/i) * i = k 表示 i 为 k 的因子。

④ 对输入而言，应是不断出现输入对话框 InputBox，直到 n > 6 才满足题目要求。

答案：(1)B (2)A (3)D (4)C

2. 阅读下列程序说明和程序，在每小题提供的可选答案中，挑选一个正确答案。

【程序说明】统计鼠标单击图片框控件 P1 中两个同心圆所围成黑色区域的次数。首次单击 Command1，将统计结果清零、P1 可用；再次单击则以消息框显示统计结果，P1 不可用。

【程序】

```
Dim n As Integer
Private Sub Command1_Click( )
  If Command1. Caption = "开始" Then              '"开始"表示首次单击 Command1
Command1. Caption = "显示"                        '"显示"表示再次单击 Command1
P1. Enabled = True: n = 0
Else
Command1. Caption = __(1)__                       '当再次单击时弹出消息框显示统计结果
P1. Enabled = False: MsgBox("单击该区域" + __(2)__ + "次")
  End If
End Sub
  Private Sub Form_Activate( )
  P1. Width = P1. Height                          '设置图片框为正方形
  P1. Scale( -3,3) - (3, -3)                      '更改坐标为原点在图片框正中心
  P1. FillStyle = __(3)__
  P1. FillColor = __(4)__ :P1. circle(0,0) ,2
  P1. FillColor = vbwhite:P1. circle(0,0) ,1
End Sub
Private Sub Form_Lord( )
  Command1. Caption = "开始" :P1. Enabled = False
End Sub
Private Sub P1_MouseDown( Button As Integer,Shift As Integer,x As Single,y As Single)
  If x * x+y * y >=1 And __(5)__ Then n = n + 1
End Sub
```

【供选择的答案】

(1) A. "退出"　　B. "开始"　　C. "显示"　　D. "开始"

(2) A. n　　B. Val(n)　　C. Str(n)　　D. Trim(n)

(3) A. 1　　B. 0　　C. 2　　D. 3

(4) A. vbblank　　B. Rgb(255,0,0)

　　C. vbwhite　　D. Rgb(255,255,0)

(5) A. x * x + y * y <=4　　B. x >2 And y >2

　　C. x * x + y * y <=2　　D. x * x + y * y >4

本题考查的知识点如下。

① 窗体的 Activate 事件：当窗体由非活动窗体变为活动窗体，即当窗体得到焦点时触发该

事件。

② 容器控件坐标系的更改:在 VB 中,每个容器都有一个自己的默坐标系,即 X 轴向右,Y 轴向下;默认的原点值为(0,0)。在容器坐标系中,容器的最小坐标值是左上角的坐标,最大值为右下角坐标。所以使用 Scale 方法可以改变原点的坐标,也改变了最大坐标,从而达到将 VB 默认坐标系改为用户所需坐标系的功能。

Scale 方法的语法格式为:

```
容器.Scale (x1,y1) - (x2,y2)
```

其中(x1,y1)为容器左上角坐标,(x2,y2)为容器右下角坐标。

③ MouseDown 为鼠标的按下事件,如:

```
Private Sub P1_MouseDown(Button As Integer,Shift As Integer,x As Single,y As Single)
    If x * x+y * y >=1 And x*x+y*y<=4 Then n=n+1
End Sub
```

其中"If x * x+y * y >=1 And x*x+y*y<=4 Then n=n+1"用于统计单击图片框控件 P1 中两个同心圆所围成黑色区域的次数;"x * x+y * y >=1 And x*x+y*y<4"为两个圆的方程。

答案:(1)D (2)C (3)B (4)A (5)A

3. 阅读下列程序说明和程序,在每小题提供的可选答案中,挑选一个正确答案。

【程序说明】某文件中存放了若干个实数,单击 Command1 可用对话框打开该文件。并将读入的所有数据在列表 List1 中显示,单击 Command2 可将读入的数据按值从大到小顺序重新写入到该文件。

【程序】

```
Private Sub Command1_Click()
Dim x As Single
List1. Clear
CommonDialog1. Action = 1                    '调用通用对话框
Open CommonDialog1. FileName For ___(1)___ As #1
Do While ___(2)___
Input #1,x: List1. AddItem x
Loop
Close #1
End Sub
Private Sub Command2_Click()
Dim n As Single ,x As Single ,i As Integer ,j As Integer,k As Integer
n = List1. ___(3)___
Redim a(n) As Single
For i = 1 To n: a(i) = List1. List(i - 1): Next i
For i = 1 To n - 1                           '从大到小的排序
k = i
For j = i + 1 To n: If (4) Then k = j
```

```
    Next j
    x = a(k) :a(k) = a(i): a(i) = x
    Next i
    Open CommonDialog1. FileName For Output As #1
    For i = 1 To n: Print #1 ,a(i) :Next i
    Close #1
    End Sub
```

【供选择的答案】

(1) A. Output	B. Input	C. Append	D. Read
(2) A. Eof (1)	B. Not Eof (1)	C. Eof (fn)	D. Not Eof(fn)
(3) A. Count	B. ListCount - 1	C. List	D. ListCount
(4) A. a(j) > a(k)	B. a(j) <= a(k)	C. a(j) < > a(k)	D. a(j) < a(k)

本题考查的知识点如下:

① 通用对话框控件(CommonDialogBox)不是标准控件,初始时在工具箱中一般是找不到的;它属于 VB 的 ActiveX 控件,在使用前需要将它添加到工具箱中。添加通用对话框控件的方法是:选择菜单【工程】→【部件】选项;在打开工程【部件】对话框中选中复选框【MicroSoft commonDialog control 6.0】,单击【确定】,在工具箱中就会新增一个通用对话框控件图标。

② 在程序中,可以通过对 Action 属性的设置,来决定打开何种类型的通用对话框。Action 属性是只写属性,只能在程序中赋值,然后出现一个对话框。

显示"打开"对话框:

    CommonDialog1. Action = 1

显示"另存为"对话框:

    CommonDialog1. Action = 2

显示"颜色"对话框:

    CommonDialog1. Action = 3

显示"字体"对话框:

    CommonDialog1. Action = 4

显示"打印"或"打印选项"对话:

    CommonDialog1. Action = 5

显示"Windows 帮助系统"对话框:

    CommonDialog1. Action = 6

③ 在使用文件前,要先打开该文件,才可以对它进行访问,结束后要关闭文件。打开文件的方法是:

    Open 文件名 For Input | output | Append As [#]文件号

其中 Input 表示从文件读入数据(总是从文件的开头读文件,如文件不存在,则出错);Append 表示追加数据到文件尾(如文件不存在,则创建文件);Output 表示把数据写入文件

(如文件不存在,则创建文件,如文件已存在,覆盖原有内容)。

④ 关闭文件的方法是:

```
Close [#文件号1],[ [#文件号2],... ]
```

若要关闭所有已打开的文件,格式如下:

```
Close
```

⑤ 读顺序文件:要从顺序文件中读入数据到变量中以供后续处理,则必须以 Input 方式打开顺序文件。格式如下:

```
Input #文件号,<变量名列表>
```

⑥ EOF 函数用于测试当前读写位置是否位于"文件号"所代表文件的末尾。如果是,则返回 True;否则,返回 False。格式如下:

```
EOF(文件号)
```

⑦ 选择法排序算法如下:

对有 n 个数的序列(存放在数组 a(n)中),从中选出最大的数 a(k),与 第一个数 a(1)交换位置;

从第 1 个数外,其余 n-1 个数中选最大的数,与第二个数交换位置;

依次类推,选择了 n-1 次后,这个数列已按从大到小的次序排列。

答案:(1)B (2) B (3)D (4)A

4. 阅读下列程序,在每小题提供的可选答案中,挑选一个正确答案。

【程序】

```
Private Sub Form_Load()
    Text1. Text = "" : Form1. Cls
End Sub
Private Sub Text1_KeyPress(k As Integer)
    Static s As Integer
    If (Chr(k) < "0" Or Chr(k) > "9") And k < > 13 Then k = 0
    If k = 13 Then s = s + Val(Text1. Text) : Text1. Text = " " : Print s;
End Sub
```

【供选择的答案】

(1) 运行时在 Text1 中依次按"1↙3↙5↙"后窗体上显示的结果为______。

A. 1 4 9　　B. 9　　C. 1 3 5　　D. 5

(2) 运行时在 Text1 中依次按"2↙4↙6↙"后窗体上显示的结果为________。

A. 2 4 6　　B. 12　　C. 6　　D. 2 6 12

(3) 运行时在 Text1 中依次按"1↙-3↙5↙"后窗体上显示的结果为________。

A. 1 -2 3　　B. 1 4 9　　C. 1 -3 5　　D. 3

(4) 运行时在 Text1 中依次按"1↙2a↙5↙"后窗体上显示的结果为________。

A. 1 43 48　　B. 1 2 5　　C. 5　　D. 1 3 8

本题考查的知识点如下：

① Form 的 Load 事件在窗体加载时由系统触发，常用作一些值的初始化。

② If (Chr(k) < "0" Or Chr(k) > "9")用于判断键盘输入的不是 0 到 9 的数值。k < > 13 表示键盘输入不是回车。

答案：(1) A (2)D (3)B (4)D

5. 阅读下列程序，在每小题提供的可选答案中，挑选一个正确答案。

【程序】

```
Private Function f( a As Integer, b As Integer) As Integer
Dim r As Integer, t As Integer
If a < b Then t = a: a = b: b = t              '如 a<b，则 a 和 b 互换，即 a 中总是放大数
Do                                             '以下实现辗转相除的思想
  r = a Mod b
  If r = 0 Then Exit Do                        '余数为 0 退出循环
  a = b: b = r                                 '被除数赋值给 a，余数赋值给 b
Loop
f = b
End Function
Private Sub Command1_Click( )
  Dim m As Integer, n As Integer
  m = InputBox( "m = " ): n = InputBox( "n = " )
  Form1. Cls: Print f( m, n)
End Sub
```

【供选择的答案】

(1) 运行时若输入 m 值为 15、n 值为 25，窗体上的显示结果为________。

A. 25　　B. 15　　C. 5　　D. 3

(2) 运行时若输入 m 值为 24、n 值为 16，窗体上的显示结果为________。

A. 24　　B. 16　　C. 8　　D. 2

(3) 运行时若输入 m 值为 123、n 值为 23，窗体上的显示结果________。

A. 100　　B. 1　　C. 23　　D. 146

本题考查的主要知识点是 Function 函数过程的定义与调用。

Function 函数体为实现某种运算的若干语句，其中至少应有一个赋值语句为函数名赋值，用于调用此函数过程时的返回值。

```
[Public|Private][Static]Function 函数名([形参表])[As <类型>]
<语句块>
<函数名> = <表达式>
[Exit Function]
…
End Function
```

定义为 Private 的过程只能被其所在窗体的过程调用。调用格式为：

函数名(实参列表)

定义为 Public(默认属性)的过程,可被当前工程中其他窗体中的过程调用。调用格式为:

窗体名.函数名(实参列表)

调用、被调用过程之间要相互传递的数据在函数过程的定义中作为形参;调用时的参数为实参。

在一般情况下,Function 函数过程可以像使用 VB 内部函数一样来调用,格式为:函数名(实参列表),调用后返回 1 个函数值。也可以用 Call 函数名(实参列表)调用,但这样调用将得不到返回值。

答案:(1)C (2)C (3)B

6. 阅读下列程序,在每小题提供的可选答案中,挑选一个正确答案。

【程序】

```
Private Sub f(n As Integer,k As Integer,x As String)
  Dim m As Integer,t As Integer
  x = " ": m = n : n = Abs(n)
  Do While n <> 0
    t = n Mod k
    If k = 16 And t > 9 Then x = Chr(Asc("a") + t - 10) + x Else x = t & x
      n = n \ k
Loop
    If m < 0 Then x = "-" + x
End Sub
Private Sub Command1_Click()
  Dim x As Integer,y As Integer,s As String
  x = InputBox("x = "): y = InputBox("y = ")
  Call f(x,y,s)
  Form1.Cls: Print s
End Sub
```

【供选择的答案】

(1)运行时若输入 x 值为 13、y 值为 2,窗体上的显示结果为________。

A. 1011　　B. 33　　C. 1101　　D. 1001

(2)运行时若输入 x 值为 27、y 值为 8,窗体上的显示结果为________。

A. 33　　B. 1101　　C. 1011　　D. 1001

(3)运行时若输入 x 值为 -14、y 值为 2,窗体上的显示结果为________。

A. -1110　　B. 1101　　C. 1101 -　　D. 1011

(4)运行时若输入 x 值为 123、y 值为 16,窗体上的显示结果为________。

A. 123　　B. 321　　C. b7　　D. 7b

本题考查的知识点如下。

① 几个内部函数和算术运算符。

Abs(x):绝对值函数,返回 x 的绝对值。

Chr(x):返回 ASCII 码值为 x 的字符。

Asc(x):返回字符串 x 的首字符的 ASCII 码值。

整除运算符:\。

取模运算符(求余数):Mod。

注意:整除和求余只能对整型数据进行,对实型数先四舍五入为整数再整除,求余。

② 参数传递。调用过程时,实参向形参传递数据有传值和传址两种。

按值传递:形参声明处变量名前是"Byval"时,为按值传递;实参是与形参同类型的表达式;调用时,将实参表达式的值赋值给形参(传值);过程(函数)中,形参变量值的改变不会影响到对应实参变量值的改变。

按地址传递: Sub 过程定义中在形式参数前加 ByRef 就是传址调用;VB 中,过程调用时的默认方式是传址调用;在传址调用方式下,形参名就像是实参的别名,它们对应同一内存空间;过程调用时形参的变化就是实参的变化,过程调用后形参的值就是实参的值。

答案:(1)C (2)A (3)A (4)D

7. 按照下列要求和规定的步骤编程。

(1) 编制函数过程 sum,用于计算 1 个整数的各位数字之和(如引用 sum(132)的结果是 6,引用 sum(-23)的结果是 5,等等)。

(2) 编写事件过程 Command1_Click,完成下列运算:

① 输入 10 个数到整型数组 a;

② 将 a(1)各位数字的和赋值到 b(1),a(2)各位数字的和赋值到 b(2),……,a(10)各位数字的和赋值到 b(10),要求调用函数 sum 实现;

③ 在窗体上以一行输出 a 数组各元素值(保持原输入值不变);

④ 在窗体上以一行输出 b 数组各元素值。

答案(参考代码):

```
Private Function sum(m As String) As Integer
  Dim c As String
  n = Len(m)
  For i = 1 To n
  c = Mid(m,i,1)
  If c > "0" And c < "9" Then sum = sum + Val(c)
  Next i
End Function

Private Sub Command1_Click()
  Dim a(10) As Integer,b(10) As Integer,x As String
  For i = 1 To 10
  a(i) = InputBox("","",2)
  Next i
  For i = 1 To 10
  x = Str(a(i))
```

```
    b(i) = sum(x)
    Next i
    For i = 1 To 10
    Print a(i);
    Next i
    Print
    For i = 1 To 10
    Print b(i);
    Next i
End Sub
```

模拟试题 2

1. 阅读下列程序说明和程序，在每小题提供的可选答案中，挑选一个正确答案。

【程序说明】单击 Command1 后用输入对话框输入 1 个整数，单击 Command2 后在 Text1 中显示其反序的数（高位变低位）。要求在文本框中不可输入任何字符。例如，输入 123 显示 321，输入 -567 显示 -765。

【程序】

```
__(1)__
Private Sub Form_Load( )
__(2)__
End Sub

Private Sub Command1_Click( )
    Text1. Text = " "
    n = InputBox( " n = " )
End Sub

Private Sub Command2_Click( )
    If n < 0 Then n = - n: Text1. Text = " - "          '当输入为负数时，将负号输入文本框，将
                                                          n 取负变为正数处理
    While n < > 0
        Text1. Text = __(3)__                              '取出个位数并反序显示
        __(4)__
    Wend
End Sub
```

【供选择的答案】

(1) A. Dim n As Byte　　B. Dim n As Integer
　　C. Dim n As String　　D. Public n As Byte

(2) A. Text1. Locked = True　　B. Text1. Locked = False
　　C. Text1. Visible = True　　D. Text1. Visible = False

(3) A. n/10 & Text1. Text　　B. n Mod 10 & Text1. Text
　　C. Text1. Text & n/10　　D. Text1. Text & n Mod 10

(4) A. n = n\10　　B. n = n/10　　C. n = n Mod 10　　D. n = n - 10

本题考查的知识点如下。

① n 为输入数据的存储变量，由题目可知输入为整数，所以定义为整型变量 Integer。

② 题意要求文本框不可输入字符，所以需将 Text1 的 Locked 属性设置为 True。文本框控

件为用户提供一个既能够显示文本,又能够编辑文本的区域。在该区域中可以输入文本、编辑文本和输出文本;但是当其 Locked 属性为 True 时,在文本框中不可输入任何字符。

③ 要实现反序显示,将用到整除运算符\和取模运算符(求余数)Mod。其中取模运算可起到分离个位的功效,整除运算可以将除个位以外的其他位分出。连续运用以上两种运算可将输入数据的各个位分离,例如,123 Mod 10 = 3,123\10 = 12,12 Mod 10 = 2,12\10 = 1,1 Mod 10 = 1。

④ 之后通过"Text1. Text & n Mod 10"语句可将分离出的各个位反序显示。

答案: (1)B (2)A (3)D (4)A

2. 阅读下列程序说明和程序,在每小题提供的可选答案中,挑选一个正确答案。

【程序说明】运行时,可以在图片框控件 P1 用红色绘制如图 2 - 1 所示的横纵坐标线,并加上数字显示。

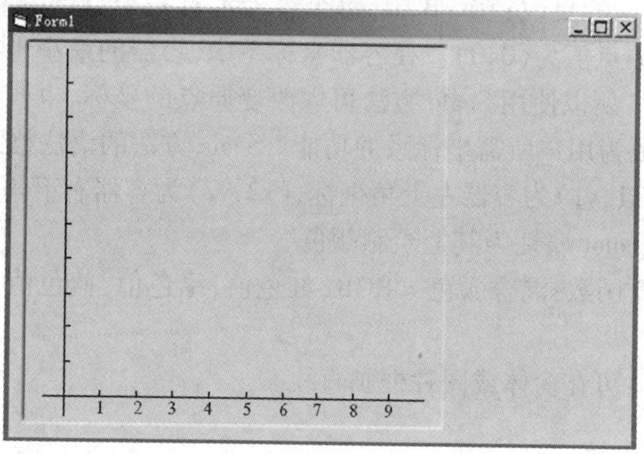

题图 2 - 1　试题 2 运行界面

【程序】

```
Private Sub Form_Activate( )
    P1. Height = P1. Width
    P1. FontSize = 10
    ___(1)___ ( -10,110) - (110, -10)          '改变坐标系
    ___(2)___                                   '设绘制色为红
    P1. Line ( -5,0) - (100,0)                 '绘制横坐标
    P1. Line (0, -5) - (0,100)                 '绘制纵坐标
    For i = ___(3)___                           '画横纵坐标上的小刻度线
        P1. Line (i,0) - (i,2)
        P1. Line (0,i) - (2,i)
    Next i

    For i = 1 To 9
        P1. CurrentX = i * 10 - 2              '设置下一次输出位置
        P1. CurrentY = -2
        ___(4)___                               '输出数字 1 到 9
```

```
    Next i
End Sub
```

【供选择的答案】

(1) A. P1. Draw　　B. P1. Line　　C. P1. Print　　D. P1. Scale

(2) A. P1. ForeColor = RGB(255,0,0)　　B. P1. FillColor = RGB(255,0,0)
　　C. P1. FillColor = VbRed　　D. P1. ForeColor = Red

(3) A. 1 To 9 Step 1　　B. 10 To 90　　C. 10 To 90 Step 10　　D. 2 To 9

(4) A. PSet i　　B. P1. Print i　　C. P1. Pset i　　D. Print i

本题考查的知识点如下。

① 窗体的 Activate 事件:当窗体由非活动窗体变为活动窗体,即当窗体得到焦点时触发该事件。

② 容器控件坐标系的更改:在 VB 中,每个容器都有一个自己的默认坐标系,即 X 轴向右,Y 轴向下;默认的原点值为(0,0)。在容器坐标系中,容器的最小坐标值是左上角的坐标,最大值为右下角坐标。所以使用 Scale 方法可以改变原点的坐标,也改变了最大坐标,从而达到将 VB 默认坐标系改为用户所需坐标系的功能。Scale 方法的语法格式为:容器 . Scale (x1,y1) - (x2,y2),其中(x1,y1)为容器左上角坐标,(x2,y2)为容器右下角坐标。

③ 图片框的 Forecolor 属性为其上绘制颜色。

④ 颜色函数 RGB 函数:混合颜色 = RGB(红色值,绿色值,蓝色值)。这里的三色值为整数,取值为 0 ~ 255。

⑤ 画线方法 Line:可在窗体或图片框画直线。

格式为:

[容器名]. Line [(x1,y1)] - (x2,y2) [,Color]

⑥ CurrentX 和 CurrentY 属性:表示当前点在容器中的 x 坐标和 y 坐标。设置 CurrentX 和 CurrentY 属性后,所设置的值就是下一次输出的位置。其默认的坐标单位是缇。

答案:(1)D (2)A (3)C (4)B

3. 阅读下列程序说明和程序,在每小题提供的可选答案中,挑选一个正确答案。

【程序说明】单击"读文件"按钮将文本文件读入并逐行在列表框控件 List1 中显示;然后单击"分解"按钮将 List1 每行中的英文字母显示在 List2 各行中;其他字符分别显示在 List3 各行中。运行结果如题图 2 - 2 所示。

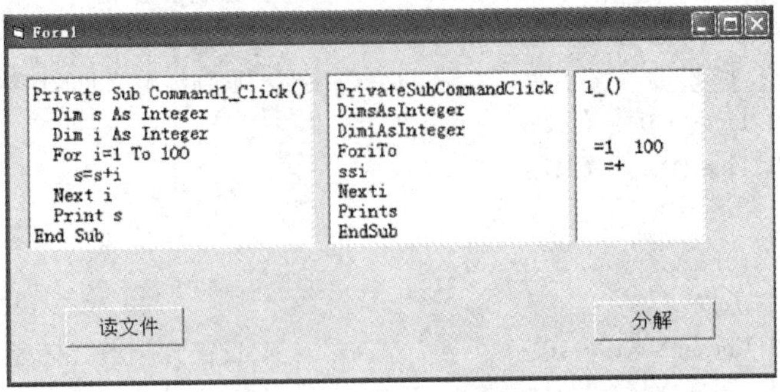

题图 2 - 2　试题 3 运行界面

【程序】

```
Private Sub Command1_Click ( )                '读文件
    Dim s As String
    Open "e:\xxx. txt" For __(1)__ As #1 '打开文件
    While Not EOF(1)                          '当文件没结束时读文件存入变量 s,将 s 添加入列表框 1
        Line Input #1,s : Listl. AddItem s
    Wend
    Close #1                                  '关闭文件
End Sub
Private Sub Command2_Click ( )                '分解
    Dim i As Integer,n As Integer,s1 As String,s2 As String
    For i = 1 To __(2)__
        n = Len(List1. List(i - 1))           '计算每一个表项的长度
        ReDim a(n) As String * 1
        For j = 1 To n
            a(j) = __(3)__                    '将某一个列表项的每个字符分离存入数组 a
        Next j
        S1 = "" : s2 = ""
        For j = 1 To n                        '判断数组 a 中元素如为字母则加入 s1,其他加入 s2
            If __(4)__ Then s1 = s1 + a(j) Else s2 = s2 + a(j)
        Next j
        List2 . AddItem s1                    '将 s1 添加入列表框 2
        List3 . AddItem s2                    '将 s2 添加入列表框 3
Next i
End Sub
```

【供选择的答案】

(1) A. Read　　B. Append　　C. Input　　D. Output

(2) A. Listl. Count　　B. ListCount　　C. ListCount - 1　　D. Listl. ListCount

(3) A. Mid(List1. List(i - 1),j,1)　　B. Middle(List1. List(i - 1),j,1)

　　C. Mid(List1. List(i - 1),j)　　D. Middle(List1(i - 1),j,1)

(4) A. a(j) >= 'a 'And a(j) <= 'z 'Or a(j) >= 'A 'And a(j) <= 'Z '

　　B. a(j) >= "a" And a(j) <= "z" Or a(j) >= "A" And a(j) <= "Z"

　　C. "a" <= a(j) <= "z" Or "A" <= a(j) <= "Z"

　　D. (a(j) >= "a"And a(j) <= "z")Or(a(j) >= "A"And a(j) <= "Z")

本题考查的知识点如下。

① 打开文件:

```
Open 文件名 For Input | output | Append As [#]文件号
```

其中 Input 表示从文件读入数据(总是从文件的开头读文件,如文件不存在,则出错);Append 表示追加数据到文件尾(如文件不存在,则创建文件);Output 表示把数据写入文件(如文件不存在,则创建文件,如文件已存在,覆盖原有内容)。

② 关闭文件:

```
Close [#文件号1],[ [#文件号2],…]
```

若要关闭所有已打开的文件,方法如下:

```
Close
```

③ Line Input 语句的格式:

```
Line Input #文件号,字符串变量
```

从文件中读取一行数据,然后赋给指定变量。

④ EOF 函数格式:

```
EOF(文件号)
```

此函数测试当前读写位置是否位于“文件号”所代表文件的末尾。如果是,则返回 True;否则,返回 False。

⑤ 内部函数 Mid(x,m,n):从字符串 x 第 m 个字符起,截取 n 个字符,组成新的字符串。

⑥ 字符串长度测试函数 Len(x):当 x 为字符串,则返回字符串长度;x 不是字符串,则返回 x 所占存储空间的字节数。

⑦ 语句(a(j) >= "a" And a(j) <= "z") Or (a(j) >= "A" And a(j) <= "Z")表示 a(j)是否为小写或大写字母。

答案:(1) C (2)D (3)A (4)D

4. 阅读下列程序,在每小题提供的可选答案中,挑选一个正确答案。

【程序】

```
Private Sub Text1_KeyPress(K AS Integer)
    If K < Asc("0") Or K > Asc("9") Then
      K = 0                                 '判断,如输入的不是 0 ~ 9 时,则不接受
    Else
      Label1. Caption = Chr(K) + Label1. Caption     '输入数值反序显示于标签框
        End If
End Sub
```

【供选择的答案】

(1) Text1 获得输入焦点后,依次按 1、3、5 键,Label1 显示________。

A. 135 B. 531 C. 9 D. 5

(2) Text1 获得输入焦点后,依次按 2、7、9 键,Label1 显示________。

A. 972 B. 279 C. 297 D. 18

(3) Text1 获得输入焦点后,依次按 -2、3、5 键,Label1 显示________。

A. -532 B. -235 C. 532 D. 235

(4) Text1 获得输入焦点后,依次按 1、2、a、5 键,Label1 显示________。

A. 空白 B. 12a5 C. 5a21 D. 521

本题考查的知识点如下：

① KeyPress 事件由用户在文本框中按任意键触发。ASCII 码赋值到形参变量 KeyAscii。其格式为：

```
Private Sub Text1_KeyPress(KeyAscii As Integer)
End Sub
```

② 语句 If K < Asc("0") Or K > Asc("9") Then K = 0 表示如果所按的键不是数值键，则不接受。

答案：(1)B (2)A (3)C (4)D

5. 阅读下列程序，在每小题提供的可选答案中，挑选一个正确答案。

【程序】

```
Private Sub Form_Load()
    Timer1.Interval = 1000              '设置 Timer 控件的 Timer 事件每秒触发一次
End Sub

Private Sub Timer1_Timer()
    Static k As Byte                    '定义静态变量 k
    Form1.CurrentX = 0:Form1.CurrentY = 0 '窗体的所有其他属性均取默认值，设定输出坐标
    Form1.Cls
    If k = 0 Then k = 1 Else k = 0      '设定变色标识 k
    If k = 0 Then Form1. ForeColor = RGB(0,255,0) Else_
        Form1. ForeColor = RGB(0,0,255)
    Print Time
End Sub
```

【供选择的答案】

(1) 激活 Timer1 后，每间隔 1 秒显示一次系统时间，方式是________。

A. 蓝、绿色交替显示　　B. 蓝色显示　　C. 绿色显示　　D. 红色显示

(2) 系统时间的显示位置，是在________。

A. 窗体右上角　　B. 窗体左上角　　C. 窗体右下角　　D. 窗体左下角

(3) 如果将 Timer 过程中的语句"Static k As Byte"改为"Dim k As Byte"，激活 Timer1 后，窗体系统时间显示上的颜色为________。

A. 蓝、绿色交替　　B. 蓝色　　C. 绿色　　D. 红色

(4) 如果要同时显示系统日期和时间，对 Timer 过程中 Print 语句之输出列表不可取的是________。

A. Date,Time　　B. Date;Time　　C. Date-Time　　D. Date + Time

本题考查的知识点如下。

定时器 Timer 又称"计时器"，实现由计算机控制并每隔一个时间间隔会自动触发一个事件。当到达预置的时间，会自动触发 Timer 事件，从而去完成指定的操作，接着定时器又开始新一轮的计时。如此循环下去，利用定时器可完成周期性的工作。定时器图标在设计时可见但运行时不可见。

Timer 的 Interval 属性用于设置触发 Timer 事件的时间间隔。单位为毫秒，取值为 1 ~ 65 535，大约最大为 1 分种多一点，如果将该属性设为 1000，则在运行时，每隔一秒触发一次 Timer 事件。当 Interval 属性值为 0 时，定时器不起作用。

Timer 事件在 Interval 预置的时间间隔到时自动触发。这是定时器唯一支持的事件。

答案：(1)A (2)B (3)B (4)C

6. 阅读下列程序，在每小题提供的可选答案中，挑选一个正确答案。

【程序】

```
Private Sub f(b() As Integer,ByRef m As Integer)
    Dim i As Integer,j As Integer,k As Integer
    i = 1
    Do While i  <= m
        For j = 1 To m
            If b(i) Mod b(j) = 0 And i < > j Then      '对第 i 个数判断其他数中有它的因子，
                                                        则从第 i 个起顺序左移
                For k = i To m - 1: b(k) = b(k + 1): Next k
                Exit For
            End If
        Next j
        If j > m Then i = i + 1 Else m = m - 1
    Loop
End Sub
Private Sub Command1_Click()
    Dim a(6) As Integer,i As Integer,n As Integer
    n = 6
    For i = 1 To 6:a(i) = InputBox("a("&i&") = "):Next i      '数组输入
    Call f(a,n)
    For i = 1 To n: Print a(i); : Next i                     '数组输出
End Sub
```

【供选择的答案】

(1) 单击 Command1 并输入 7、8、5、4、9、3 后，相应的显示结果为________。

A. 8 9 3 B. 8 9 3 3 3 3 C. 7 5 4 3 3 3 D. 7 5 4 3

(2) 如果将过程 f 首句中的“ByRef”改为“Byval”，输入数据同(1)，显示结果为________。

A. 8 9 3 B. 8 9 3 3 3 3 C. 7 5 4 3 3 3 D. 7 5 4 3

(3) 单击 Command1 并输入 4、12、27、8、-6、3 后，相应的显示结果为________。

A. 4 3 3 3 3 3 B. 4 3 C. 12 27 8 -6 D. 12 27 8

(4) 如果将过程 f 首句中的“ByRef”改为“Byval”，输入数据同(3)，显示结果为________。

A. 4 3 3 3 3 3 B. 4 3 C. 12 27 8 -6 D. 12 27 8

本题考查的知识点如下。

左移时，b(m)之前的数组元素的原值被新值代替了，但 b(m)及其之后的值还是原值。如题 3，因为 12 Mod 4 = 0 所以 i = 2 = k，进行左移有 4，27，8，-6，3，3。

答案：(1)D (2)C (3)B (4)A

7. 编写程序，单击 Command1，可为含有 10 个元素的数组 b 赋初值，调用函数 f 求它们的平均值 V，然后输出其中与 V 之差的绝对值为最小的那个数组元素。

解答：(参考代码)

```
Private Sub Command1_Click()
Dim b(1 To 10) As Single,c(1 To 10) As Single,v As Single,k As Integer
For i = 1 To 10                  '数组元素赋初值
b(i) = InputBox("inputdata")
Next i
v = f(b,10)                      '调用求平均值的函数
For i = 1 To 1                   '求数组元素与平均值的差的绝对值并存入数组 c
c(i) = Abs(b(i) - v)
Next i
k = 1                            '在差值数组 c 中找出绝对值最小元素 b
For i = 2 To 10
If c(i) < c(k) Then k = i
Next i
Print c(k)                       '输出找到元素 b
End Sub
Private Function f(a() As Single,n As Integer)
Dim sum As Single
For i = 1 To n
sum = sum + a(i)                 '求和
Next i
f = sum /n                       '求平均值
End Function
```

模拟试题 3

1. 阅读下列程序说明和程序,写出运行结果。

【程序说明】写出运行时连续四次单击窗体 Form1 时窗体上的输出结果。

【程序】

```
Private Sub Form_Click( )
    Static a As Integer
    Dim b As Integer
    b = a + b + 1 : a = a + b
    Form1. Print "a = ";a,"b = ";b
End Sub
```

本题考查的知识点如下。

静态变量 static 和动态变量 dim。静态变量只能在声明它的过程中使用,与动态变量的差别在于:静态变量在整个程序运行期间均有效,并且过程执行结束后,只要程序还没有结束,该变量占有的空间不被释放,其值就仍然存在。

通俗的说,就是静态变量只初始化一次,而动态变量每次都初始化,或者说在整个程序没有结束之前,静态变量保持上一次的值。

答案: a = 1　b = 1

a = 3　b = 2

a = 7　b = 4

a = 15　b = 8

2. 阅读下列程序说明和程序,写出运行结果。

【程序说明】写出程序运行后 w 的值。设输入数据分别为 14,3,125,21,那么 Label1. Caption 的值分别是多少?

【程序】

```
Private Sub Form_Click( )
    Dim a As Integer
    a = Val( InputBox( "请输入数据" ,"" ,100) )
    Select Case a mod 5
      Case Is  < 4
        w = a + 10
      Case Is  < 2
        w = a  *  2
      Case Else
        w = a - 10
```

```
    End Select
    Label1.Caption = "w = " & Str(w)
End Sub
```

本题考查的知识点如下。

Select 语句的理解,其中的 Is 表示 Select Case 中的表达式 a Mod 5。

① 情况选择结构格式如下:

```
Select  Case  <测试表达式>
    Case <表达式列表1>
        <语句块1>
    Case  <表达式列表2>
        <语句块2>
    …
    [Case Else
        <语句块n+1>]
End Select
```

② 表达式列表:可以是单个表达式(如:0,1,2);可以是“表达式 To 表达式”的形式(多值)(如:1 To 5);可以用符号“is”表示测试表达式的值与其他表达式的比较关系(如:is <5)。

答案:w = 4

w = 13

w = 135

w = 31

3. 阅读下列程序说明和程序,写出运行结果。

【程序说明】写出 a1.dat 文件的最终结果。

【程序】

```
Private Sub Form_Click()
    Dim f1 As Integer,f2 As Integer,f3 As Integer
    Open "c:\a1.dat" For Output As #1
    f1 = 2: f2 = 3
    Print #1,"No. ";3,f1
    Print #1,"NO. ";4,f2
    For i = 5 To 7
      f3 = f1 + f2
      Print #1,"NO",i,f3
      f1 = f2 : f2 = f3
    Next i
    Close #1
End Sub
```

本题考查的知识点如下。

① 斐波那契数列的核心是后一个元素是前面两个元素的和,并且第一个和第二个元素都

是给定的。

② 顺序文件的写操作的步骤:使用 Open <文件名> For Input | output | Append As [#]文件号;使用 Print# (写语句)写入文件中内容。

答案: No. 3 2

No. 4 3

No. 5 5

No. 6 8

No. 7 13

4. 阅读下列程序说明和程序,写出运行结果。

【程序说明】(1) 写出运行程序后 Form1 上的输出结果。(2) 写出将标记有①和②的两条语句对调后,重新运行程序时 Form1 上的输出结果。

【程序】

```
Private Sub Command1_click( )
    Const n =6
    Dim xx(n) As Integer
    Form1. Cls
    For i =1 To n
      xx(i) =i * i
    Next i
    call fchange( xx( ),n)
    For i =1 To n
      Form1. Print xx(i),
    Next i
End Sub
Sub fchange(a( ) As Integer,m As Integer) '有反序功能的 Sub 过程
    For i =1 To m / 2
      t =a(i)
      a(i) =a( m -i +1)                    '①
      a( m -i +1) =t                       '②
    Next i
End Sub
```

本题考查的知识点如下。

① 数组声明 (先声明后引用)格式为:

< 说明符 > < 变量名 > (< 下标 >) [As < 类型 >]

② 在事件的通用对象声明部分可用语句 Option Base 1 声明所有数组第一个元素下标为1;用语句 Option Base 0 声明所有数组的第一个元素下标为 0(默认值)。

③ 数组元素的引用。引用一维数组元素:

数组名(<下标表达式>)

引用二维数组元素

数组名(<下标表达式1>, <下标表达式2>)

④ 程序中标记有①和②的两条语句对调前,这是一个反序的功能;标记有①和②的两条语句对调后,没有反序的功能,只能把前面的元素赋值给后面的元素。

答案:36 25 16 9 4 1

1 4 9 9 4 1

5. 阅读下列程序说明和程序,并将程序补充完整。

【程序说明】在窗体上有两个命令按钮和一个文本框,名称分别为 cmdstart("开始"),cmdend("结束")和 text1。文本框 text1 的字符个数不超过 200 个。程序刚运行时,"结束"按钮为灰色,单击"开始"按钮后,将 text1 中的字符按其 ASCII 码值从小到大自左到右重新组合,并在窗体上输出重组后的字符串,同时使"结束"按钮能响应而"开始"按钮不能响应。

【程序】

```
Private Sub Form_Load( )
  Cmdend. Enabled = False
End Sub
Private Sub Cmdstart_Click( )
  Dim n As Integer, i As Integer, p As Integer
  Dim a(200) as String * 1, str1 As String, t As String
  str1 = Text1. Text : n = Len(str1)
  For i = 1 To n
    a(i) = ___(1)___
  Next i
  For i = 1 To n - 1
    p = i
    For j = i + 1 To n
      If a(p) > a(j) Then ___(2)___     '比较出来的最小项做好标记,赋值给 p 就是做好标记
    Next j
    If ___(3)___ Then t = a(i) : a(i) = a(p) : a(p) = t     '判断目前位置上的值是不是最小的,如果是,不交换
    Next i
    For i = 1 To n : Print a(i); : Next i
    ___(4)___
    ___(5)___
  End Sub
  Private Sub Cmdend_Click( )
    End
End Sub
```

本题考查的知识点如下。

① 选择法排序算法:

```
For  i = 1 to n - 1
    找出 a ( i ) ~ a ( n ) 间最小的数组元素下标 k
```

```
    交换 a(i) 与 a(k)
Next i
```

其中,找出 a(i) ~ a(n)之间值最小数组元素下标 k 的程序段为:

```
k = i '假设下标为 i 的元素值最小
For j = i + 1 to N
    If a(j) < a(k) then k = j
Next j
```

② 系统函数 Mid(x,m,n)函数表示从字符串 x 第 m 个字符起,截取 n 个字符,组成新的字符串。

答案:(1) a(i) = mid(str1,i,1) (2) p = j (3) i <> p

(4) Cmdend. Enabled = True (5) Cmdstart. Enabled = False

6. 阅读下列程序说明和程序,并将程序补充完整。

【程序说明】本程序将一个大于 100 的偶数 n 分解为两个素数之和。其中 nflag 逻辑型函数用于判断自然数 x 是否为素数。

【程序】

```
Private Sub Form_Click()
  Dim n As Integer,x As Integer,y As Integer
  n = Val(InputBox("请输入 1 个大于 100 的偶数","输入数据",100))
  For x = 3 To n\2 Step 2
  If nflag(x) Then
    y = ___(1)___
    If nflag(y) Then
      Form1. Print n; " = "; x; " + "; y : Exit For
    End IF
  End If
  ___(2)___
End Sub
Function nflag(x As Integer) As Boolean
  Dim flag As Boolean
  k = 2 : m = Int(Sqr(x))
___(3)___
  Do While k <= m
    If x Mod k = 0 Then flag = False
    k = k + 1
  Loop
  nflag = ___(4)___
End Function
```

本题考查的知识点如下。

判断素数 n 的算法:就是用 2 ~ Sqr(n)中的每一个数依次整除 n,如果其中有一个数能够整除 n,则 n 肯定不是素数。算法分析:n 能被整数 a 整除,一定可表示为 n = a * b 。a 和 b

中必然有一个小于或等于 Sqr(n)。

答案:(1) n - x　　(2) next x　　(3) flag = true　　(4) flag

7. 程序设计题。

(1) 计算表达式“m! /n! /(m - n)!”的值并在窗体上输出。要求:用对话框输入 m 和 n (m≥n≥0);编写函数过程计算阶乘值。

(2) 如题图 3 - 1 所示的用户界面,用于将学生学过的单词在列表框中显示出来。

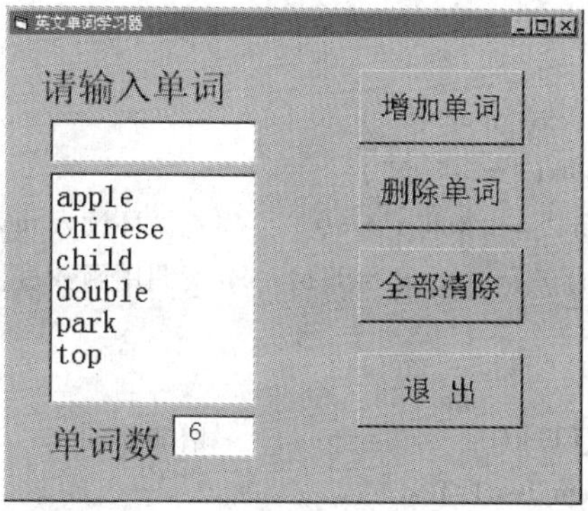

题图 3 - 1　试题 7 运行界面

现要求完成:

① 单击“增加单词”按钮,将 Text1. Text 中的单词添加到列表框,再显示列表框中单词数;

② 单击“删除单词”按钮,删除列表框中被选中的项,再显示列表框中的单词数;

③ 单击“全部清除”按钮,删除列表框的全部选择项,再显示列表框中的单词数;

④ 单击“退出”按钮,结束程序。

部分程序代码如下:

```
Private Sub Form_Load( )
    Label1. Caption = "请输入单词"
    Label2. Caption = "单词数"
    Command1. Caption = "增加单词"
    Command2. Caption = "删除单词"
    Command3. Caption = "全部清除"
    Command4. Caption = "退出"
    List1. AddItem "apple"
    List1. AddItem "Chinese"
    List1. AddItem "child"
    List1. AddItem "double"  :List1. AddItem "park"
    List1. AddItem "top"  : Text1. Text = ""
    Text2. Text = Str( List1. ListCount)
End Sub
```

请分别编写四个命令按钮的单击事件。

答案(参考代码):

```
Function fact( k As Integer) As Float
        Dim f As float,i As Integer
        f=1                                   '注意阶乘其实是累乘,那么f的初始值要设置为1
        For i=1 To k : f=f * i : next I       '这里是For循环求阶乘
        fact=f                                '注意这里要求有返回值
End Function
Private Sub Form_Click( )
        Dim m As Integer,n As Integer
        Do
          m=InputBox("n=","")
          n=InputBox("m=","")
        Loop Until m >=n And n >=0            '是循环读入m和n,用对话框输入
        Print fact(m) / fact(n) / fact(m-n)   '调用函数过程求给定表达式
End Sub

Private Sub Command1_Click( )                 '增加单词
        List1. AddItem Text1. Text
        Text2. Text=str(List1. ListCount)
End Sub
Private Sub Command2_Click( )                 '删除单词
        List1. RemoveItem
        Text1. Text=""
        Text2. Text=str(List1. ListCount)
End Sub
Private Sub Command2_Click( )                 '全部清除
        List1. Clear
        Text1. Text=""
        Text2. Text="0"
End Sub
Private Sub Command2_Click( )                 '退出
        End
End Sub

Private Sub Command1_Click( )                 '增加单词
        List1. AddItem Text1. Text            '对列表框增加单词,单词放在文本框中
        Text2. Text=str(List1. ListCount)     '重新计算单词总数
End Sub
Private Sub Command2_Click( )                 '删除单词
        List1. RemoveItem                     '删除列表项
        Text1. Text=""                        '清空文本框
        Text2. Text=str(List1. ListCount)     '重新计算单词总数
End Sub
Private Sub Command2_Click( )                 '全部清除
```

```
        List1.Clear
        Text1.Text = ""
        Text2.Text = "0"
End Sub
Private Sub Command2_Click()                    '退出
        End
End Sub
```

模拟试题 4

1. 阅读下列程序说明和程序,写出运行结果。

【程序说明】程序运行时连续三次单击按钮 Command1,且设输入的数是 5.2 和 4 时,分别写出文本框 Text1. Text 的值。

【程序】

```
Private Static Sub Command1_Click( )
        Dim x As Integer, s As Integer
        x = val( InputBox( "请输入一个正整数 = " ) )
        If x  <  5 Then
            s = s  *  x
        Else
            s = s + x
        End If
        Text1. Text = " s = " + Str( s )
    End Sub
```

本题考查的知识点如下。

① If 结构中的块 If 语句格式:

```
If  < 条件 >  Then
    < 语句块 1 >
[ Else
    < 语句块 2 >  ]
End If
```

② Sub 过程语法:

```
[ Public | Private ] [ Static ] Sub  < 过程名 > [ (形参列表) ]
        Sub 过程体
End Sub
```

关键字 Static 表示过程中所有局部变量都是静态变量,所以此处 s 为静态变量。

答案: s = 5

s = 10

s = 40

2. 阅读下列程序说明和程序,写出运行结果。

【程序说明】写出程序运行时单击窗体后,Form1 上的输出结果。

【程序】

```
Private Sub Form_Click( )
    Form1. Cls
    w = 3
    For k = 2 To 6 Step 2
      Form1. Print "w = "; w,"k = "; k
      w = w + 1
    Next k
    Form1. Print "w = "; w,"k = "; k
End Sub
```

本题考查的知识点是最基本的 For 循环。

① For Next 语句格式：

```
For <控制变量 X> = <初值 e1> To <终值 e2> [Step <步长 e3>]
  循环体
Next <控制变量 X>
```

② 每重复一次循环后，控制变量的值就会自动增加或减少一个步长。本题步长为 2，即 k 每循环一次加 2。

答案：w = 3 k = 2

w = 4 k = 4

w = 5 k = 6

w = 6 k = 8

3. 阅读下列程序说明和程序，写出运行结果。

【程序说明】写出程序运行时单击窗体后，Form1 上的输出结果。

【程序】

```
Private Sub Form_Click( )
    Dim x As String
    Dim i As Integer, n As Integer
    Form1. Cls
    x = "ABCDEFGHKL"
    n = Len(x)
    For i = n To 1 Step -2
        Form1. Print Tab(20 - i); Mid(x,i,1)
    Next i
End Sub
```

本题考查的知识点如下。

① Len(x)函数：字符串长度测试函数。x 为字符串，则返回字符串长度；x 不是字符串，则返回 x 所占存储空间的字节数。

② Mid(x,m,n)函数：从字符串 x 第 m 个字符起，截取 n 个字符，组新的字符串。

③ 与 Print 方法有关的函数。Tab(n)函数，仅用于 Print 语句，用于将输出项定位到从第 n 列开始显示输出。Tab 函数与输出项之间用分号隔开。Spc(n)函数用于输出 n 个空格。

答案： L

H

F

D

B

4. 阅读下列程序说明和程序，写出运行结果。

【程序说明】写出程序运行时连续三次单击 Command1 后，a1. dat 文件的最终结果。

【程序】

```
Rem
Dim a As Integer,y As Integer            '在窗体的通用声明区声明两个模块级变量 a 和 y
Private Sub Form_Load( )
    Open "c:\a1. dat" For Output As #1
    Close #1
End Sub
Private Sub Command1_Click( )
    Open "c:\a1. dat" For Append As #1
    Call aa(5) : y = y + a
    Print #1,"y = "; y,"a = "; a : Close #1
End Sub
Sub aa(i As Integer)
    x = 1
    Do Until x > i
      a = a + x : x = x + 3
    Loop
End Sub
```

本题考查的知识点如下。

① 顺序文件的添加写：以添加方式（Append）建立并打开顺序文件，用 Print#语句将数据内容写入到该文件中。

② 当型循环语句的使用：

```
Do  [While | Until <条件> ]
    循环体           '先判断条件．后执行循环体
Loop
```

其中选项"Until" 为条件不成立时执行循环体。

答案： y = 5　　a = 5

y = 15　　a = 10

y = 30　　a = 15

5. 阅读下列程序说明和程序，并将程序补充完整。

【程序说明】利用一个计时器、一个标签框和二个命令按钮制作一个动态秒表，如图 4－1 所示。单击"开始"命令按钮，秒表开始计时，单击"结束"命令按钮，秒表结束计时，并在标签

框上显示运行时间,如“运行了 0 小时 2 分 10 秒”(假设对象的属性都在程序代码中设定)。

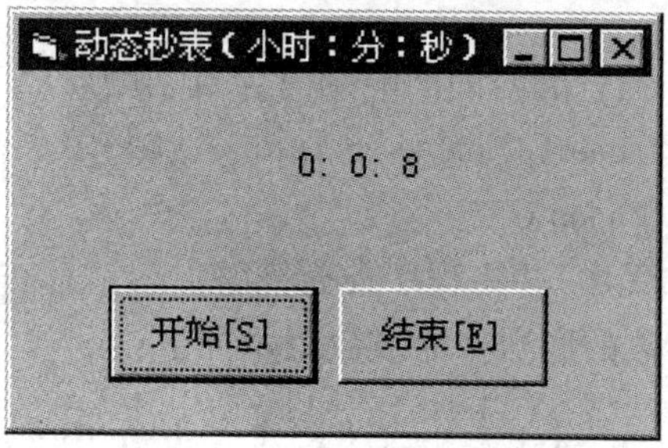

题图 4－1　试题 5 运行界面

【程序】

```
Dim x As Long,h As Integer,m As Integer,s As Integer
Private Sub Form_Load()
   Form1.Caption = "动态秒表(小时:分:秒)"
   Command1.Caption = "开始[&S]" : Command2.Caption = "结束[&E]"
   Label1.Alignment = 2              '居中对齐
   Label1.Caption = " 0: 0: 0"
   Timer1.Interval = ____(1)____
   Timer1.Enabled = False
   x = 0
End Sub
Private Sub Command1_Click()
   ____(2)____
End Sub
Private Sub Command2_Click()
   Timer1.Enabled = False : x = ____(3)____
   Label1.Caption = "运行了" + Str(h) + "小时" + Str(m) + "分" + Str(s) + "秒"
End Sub
Private Sub Timer1_Timer()
     x = x + 1 : h = ____(4)____
     m = (x Mod 3600) \ 60
     s = ____(5)____
     Label1.Caption = Str(h) + ":" + Str(m) + ":" + Str(s)
End Sub
```

本题考查的知识点如下。

① 定时器用于实现周期性的工作。当到达预置的时间,系统会自动触发 Timer 事件,从而去完成指定的操作,接着定时器又开始新一轮的计时,如此循环下去。

② Interval 属性用于设置触发 Timer 事件的时间间隔。如果将该属性设为 1000,则在运行时,每隔一秒触发一次 Timer 事件。当 Interval 属性值为 0 时,定时器不起作用。

③ Enabled 属性用于决定定时器是否生效,取值为 True 或 False,默认值为 True。当设

Enabled 属性值为 True 时,激活定时器开始计时;当设 Enabled 属性值为 False 时,定时器停止计时。

④ Timer 事件在 Interval 预置的时间间隔到时会自动触发。

答案:(1) 1000　(2) Timer1. Enabled = Ture　(3) 0

(4) x\3600　(5) x mod 60

6. 阅读下列程序说明和程序,并将程序补充完整。

【程序说明】已知自然对数的底数 e 的级数表示如下:

$$e = 1 + \frac{1}{1!} + \frac{1}{2!} + \frac{1}{3!} + \cdots + \frac{1}{n!} + \cdots$$

本程序利用函数过程 fact( )求 e,其中绝对值小于 10^{-8} 的项被忽略。

【程序】

```
Private Function fact(m As Integer) As Single        '求 m! 的函数
    Dim x As Single, i As Integer
    x = 1
    For i = 1 To m : x = ___(1)___ : Next i
    fact = x
End Function
Private Sub Form_Click( )
  Dim e As Single, item As Single
  Dim n As Integer
  e = 1 : n = ___(2)___
  Do
    n = n + 1
    item = ___(3)___
    e = e + item
  Loop While ___(4)___
  Form1. Print "e = "; e
End Sub
```

本题考查的知识点如下。

① 函数定义:

```
[Public|Private][Static]Function 函数名([形式参数表])[As <类型>]
    <语句块>
    <函数名> = <表达式>
    [Exit Function]
    …
End Function
```

② 一般情况下,Function 函数可以像使用 VB 内部函数一样来调用,格式为:函数名(实参列表),调用后返回一个函数值。

③ 绝对值小于 10^{-8} 是累加结束的条件,本题使用 Loop While 结构,所以应对该条件取反。

答案: (1) x * i　(2) 0

（3）item / n　　（4）item /（n+1）>=1e-8

7. 程序设计题。

（1）随机产生 n 个两位正整数(n 由输入对话框输入,且 n>0),求出其中的偶数之和,并在标签框 Label1 上显示。

注:程序写在命令按钮 Command1 的 Click 事件中。

（2）由输入对话框输入 100 个数值数据放入数组 a。将其中的整数放入数组 b,然后运用选择分类法将数组 b 中的数据按从大到小的顺序排列,并以每行 5 个数据在窗体上输出。

注:程序写在窗体 Form 的 Click 事件中。

答案（参考代码）:

```
(1) Private Sub Command1_Click()
        Dim n As Integer, x As Integer, s As Long
        Do                                      '判断 n>0 的算法
            n = InputBox("请输入 n", "0<n")
        Loop While n < 0
        For i% = 1 To n                         '产生 n 个两位正整数
            x = 10 + Int(Rnd * 90)              '利用随机函数生成两位正整数
            If x Mod 2 = 0 Then s = s + x       '是偶数相加
        Next i%
        Label1.Caption = Str(s)                 '结果在标签框 Label1 上显示
    End Sub
```

```
(2) Private Sub Form_Click()
    Dim a(100) As Single, b(100) As Integer, n As Integer, x As Single
    For i% = 1 To 100               '数组输入
        x = InputBox("请输入第" & i & "个数", "输入数据"):: a(i) = x
        If x = Int(x) Then n = n + 1 : b(n) = x
    Next i%
    For i% = 1 To n - 1             '选择分类法排序
        k% = i%
        For j% = i% + 1 To n
            If b(j%) > b(k%) Then k% = j%
        Next j%
        t% = b(i%) : b(i%) = b(k%) : b(k%) = t%
    Next i%
    k% = 0
    For i% = 1 To n                 '数组输出
        print b(i%);
        If i% Mod 5 = 0 Then Print
    Next i%
    End Sub
```

模拟试题 5

1. 阅读下列程序说明和程序，在每小题提供的可选答案中，挑选一个正确答案。

【程序说明】单击命令按钮 Command1 后，输入平面上凸 10 边形各顶点的坐标，然后计算各点之间连线的总长。

【程序】

```
Option Base 1
  Private Function f1(x1 As Single,y1 As Single,x2 As Single,y2 As Single) As Single
                                '定义一个计算二点间边长的函数
      f1 = sqr((x2 - x1) * (x2 - x1) + (y2 - y1) * (y2 - y1))
End Function
Private Sub Command1_Click()
Dim i As Integer,j As Integer,s As Single
Dim ___(1)___
For i = 0 To 9
 '确定 10 边形各顶点的坐标 x(i).y(i)
      x(i) = InputBox("x(" & i & ") =")
      y(i) = InputBox("y(" & i & ") =")
Next i
For i = 0 To 8
      For j = ___(2)___
          s = s + ___(3)___
      Next j
Next i
Label1.Caption = s
End Sub
```

【供选择的答案】

(1) A. x(9) As Single,y(9) As Single

B. x(0 To 9) As Single,y(0 To 9) As Single

C. x(9),y(9) As Single

D. x(10) As Single,y(10) As Single

(2) A. i + 1 To 9　　B. i To 9　　C. i + 1 To 10　　D. i To 10

(3) A. f1(x(i),x(j),y(i),y(j))　　B. f1(x1,y1,x2,y2)

C. f1(x(i),y(i),x(j),y(j))　　D. f1(xi,yi,xj,yj)

本题考查的知识点如下。

① 按值传递。形参声明处变量名前是"Byval"，为按值传递。实参是与形参同类型的表

达式。调用时,将实参表达式的值赋值给形参。(传值)过程(函数)中,形参变量值的改变不会影响到对应实参变量值的改变。

② 按址传递。形参声明处变量名前是“ByRef”,为传址调用。VB 中,过程调用时的默认方式是传址调用。在传址调用方式下,形参名就像是实参的别名。它们对应同一内存空间。过程调用时形参的变化就是实参的变化。过程调用后形参的值就是实参的值。

③ 数组参数只有传址一种方式。

④ 函数 f1 形参 x1. y1 和 x2. y2 是按址传递的两个点坐标变量。

答案:(1)B (2)A (3)C

2. 阅读下列程序说明和程序,在每小题提供的可选答案中,挑选一个正确答案。

【程序说明】下列程序运行时,单击 Command1(0)后,图片每十分之一秒自动左移 1 毫米,单击 Command1(1)停止移动(当图片尾部移出窗体后,图片从窗体右端进入窗体)。界面设计如题图 5－1 所示。

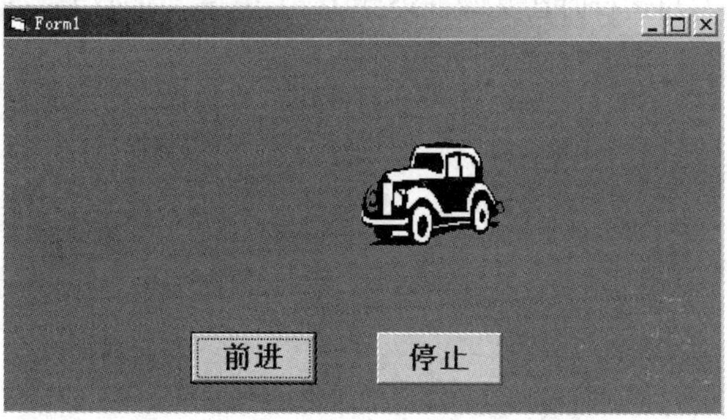

题图 5－1　试题 2 的界面设计

【程序】

```
Private Sub Command1_Click(Index As Integer)
If Index = 0 Then Timer1. Enabled = True Else Timer1. Enabled = False
End Sub
Private Sub Form_Load()      '设置定时器计时间隔 0. 1 秒,坐标系刻度单位为毫米,并关闭定时器
    Timer1. Interval = __(1)__
    Form1. ScaleMode = 6
    Timer1. Enabled = False
End Sub
Private Sub Timer1_Timer()   '图片左移,当图片移动超出窗体的左边界时,则重新设置图片框的
                              Left 属性
    Picture1. Left = Picture1. Left - 1
If Picture1. Left + Picture1. Width  <= Form1. ScaleLeft Then_
Picture1. Left = __(2)__
End Sub
```

【供选择的答案】

(1) A. 0. 1　B. 1　C. 100　D. 0. 6

（2）A. Form1. ScaleRight

B. Form1. Left + Form1. Width

C. Form1. ScaleLeft + Form1. ScaleWidth

D. Form1. Width

本题考查的知识点如下。

①定时器 Timer 控件的 Interval 属性和 Timer 事件。

② 容器的坐标系：X 轴向右，Y 轴向下；默认的原点值为(0,0)；默认单位是缇(twip)。

③ 控件的位置属性是 Left 和 Top，即 Left 属性是控件左上角到所在容器左边沿的距离，Top 属性是控件左上角到所在容器上边沿的距离；控件的大小属性是 Width 和 Height 属性，即控件自身宽度和高度。

答案：(1)C (2)C

3. 阅读下列程序说明和程序，写出运行结果。

【程序说明】顺序写出运行时在文本框控件 Text1 中输入 abcd 后，列表框控件 List1 中的各表项。

【程序】

```
Dim s As String
  Private Sub Form_Load( )
    List1. Clear
    Text1. Text = " "
  End Sub
  Private Sub Text1_Change( )
    s = s + Text1. Text              '文本框的 Text 文本内容进行累加式字符连接
List1. AddItem s                     '列表项文本追加到列表框末尾
End Sub
```

本题考查的知识点如下。

① 文本框的 Change 事件：当文本框中的内容发生改变时，相应的控件之间发生相应的改变。

② 列表框的 AddItem 方法：用于在运行时向列表框增加一新表项。用法如下：

列表框名 . AddItem 列表项文本 [,索引号]

“索引号”用于指定新插入的项在列表框中的位置。若省略该参数，则新增加的列表项放在列表框的末尾。

答案：a

aab

aababc

aababcabcd

4. 阅读下列程序说明和程序，写出运行结果。

【程序说明】写出下列程序运行时，四次单击复选框控件 Check1 后窗体上的显示结果。

【程序】

```
Public s As Long, n As Integer          'Public 定义的 s 和 n 是全局变量，在所有程序(包括主程序
```

```
                                 和过程)中都可以使用的内存变量
Private Sub f2(ByRef n As Integer)    '实参变量和形参变量之间按地址传递参数
Do While n > 0
s = s + n
n = n - 1
Loop
End Sub
Private Sub Form_Load()
n = 5
Check1. Value = 0
End Sub
Private Sub check1_Click()
Static ss As Long                     '静态变量 ss 在过程结束后仍保留变量的值
Call f2(n)
ss = ss + s
Print ss; s; n
End Sub
```

本题考查的知识点如下。

① 按址传递:形参声明处变量名前是“ByRef”,为传址调用。VB 中,过程调用时的默认方式是传址调用。在传址调用方式下,形参名就像是实参的别名,它们对应同一内存空间。过程调用时形参的变化就是实参的变化。过程调用后形参的值就是实参的值。

② 全局变量(应用程序级变量):用 Public 声明。这种变量也必须在某个模块的声明部分进行预先声明,可以适用于该模块和其他模块内的所有过程,也即在整个程序内有效。

③ 静态变量:用 Static 声明。这种变量也只能在声明它的过程中使用,但是与自动变量的差别在于:静态变量在整个程序运行期间均有效,并且过程执行结束后,只要程序还没有结束,该变量占有的空间不被释放,其值就仍然存在。

答案: 15　15　0
30　15　0
45　15　0
60　15　0

5. 阅读下列程序说明和程序,写出运行结果。

【程序说明】写出下列程序运行时,单击窗体后窗体上的显示结果。

【程序】

```
Private Sub Form_Click()
  Dim a(4,4) As Integer,i As Integer,j As Integer
  For i = 1 To 4
    For j = 1 To 4
      a(i,j) = Trim(Str(i)) + Trim(Str(j))
    Next j
  Next i
```

```
    For i = 1 To 4
      For j = 1 To 4
        Print Tab((j - 1) * 4 + 1); a(i,j);
    Next j
      Print
    Next i
  End Sub
```

本题考查的知识点如下。

① 二维数组的定义(具有两个下标的数组称为二维数组),格式如下:

Dim 数组名(<下标表达式1>, <下标表达式2>) As 数据类型

② 引用二维数组元素的方法如下:

数组名(<下标表达式1>, <下标表达式2>)

③ 二维数组的赋值与输出都必须在两重循环内进行,其中的i和j表示“行”变量 和“列”变量,这样才能正确表达变化着的二维数组元素的序号。

答案: 11 12 13 14
21 22 23 24
31 32 33 34
41 42 43 44

6. 阅读下列程序说明和程序,写出运行结果。

【程序说明】依次画出下列程序运行时,单击命令按钮 Command1 后四个图片框上图案的形状。

【程序】

```
Private Sub Form_Load()
  Dim i As Byte
  For i = 0 To 3                          '图片框控件数组的填充样式 FillStyle 并逐一清屏 Cls
    Picture1(i). FillStyle = (i + 1) Mod 2
  Picture1(i). Cls
  Next i
End Sub
Private Sub Command1_Click()
  Dim i As Byte
  For i = 0 To 3
  Picture1(i). Scale ( -10,10) - (10, -10)        '指定坐标原点和最大坐标值来更改坐标系
  Next i
  Picture1(0). Line ( -10,10) - (0,0)     '在图片框控件数组容器中分别画线、圆、圆弧和椭圆
  Picture1(0). Line - ( -10, -10)
  Picture1(1). Circle (0,0) ,5
  Picture1(2). Circle (0,0) ,5, ,0,3. 14159
  Picture1(3). Circle (0,0) ,5, , , ,2
```

```
End Sub
```

本题考查的知识点如下：

① 图片框的 cls 方法：

```
Object. cls
```

擦除窗体或图片框上用 pset，Line，Circle，print 等方法所绘制的文字和图形，并将图形光标（不可见）定位于对象的左上角（0，0）；cls 方法不会清除由 Picture 属性设置的图像，更不会清除容器内的控件。

② 图片框画直线，方法如下：

```
[容器名.]Line [ (x1,y1)] - (x2,y2) [ ,Color]
```

③ 图片框画圆，方法如下：

```
[容器名.] Circle [step] (x,y) ,radius [ ,color ]
```

④ 图片框画圆弧，方法如下：

```
[容器名.]Circle [step](x,y),radius [ ,color],start,end
```

⑤ 图片框画椭圆，方法如下：

```
Circle [step](x,y),radius[ ,color] start,end ,Aspect
```

使用 Scale 方法可以改变原点的坐标，也改变最大坐标，语法格式如下：

```
容器.Scale (x1,y1) - (x2,y2)。
```

⑥ 控件数组的建立：在界面上先拖画一个控件，之后复制，粘贴建立名字相同以索引号区分的控件数组。

答案：

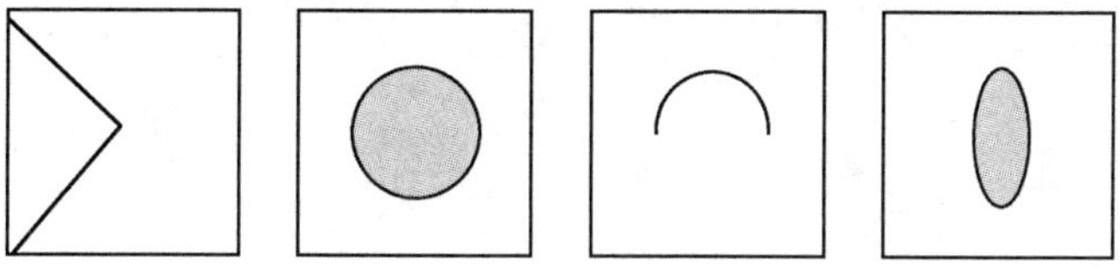

7. 程序设计题。

（1）编写事件过程 Command1_Click，执行该过程时输入 n 及 n 个数，计算这 n 个数的和并在文本框控件 Text1 中显示。

（2）编写事件过程 Pic1_MouseMove，使得当鼠标在图片框控件 Pic1 上移动时的坐标值能够适时通过标签控件 Label1. Label2 显示。

提示：事件过程 Pic1_MouseMove 的首句如下。

```
Private Sub Pic1_MouseMove(Button As Integer,Shift As Integer,_X As Single,Y As Single)
```

答案（参考代码）：

（1）Private sub Command1_click()

```
Dim s as single,n as integer,I as single
N = inputbox ("输入 n")
For i =1 to n
   X = inputbox("x = "): s = s + x
      Next i
Text1. text = s
End sub
```

(2) Private Sub Pic1_MouseMove(Button as Integer,Shift as Integer,x as Single,y as Single)

```
   Label1. Caption = x : Label2. Caption = y
End Sub
```

模拟试题 6

1. 阅读下列程序说明和程序,在每小题提供的可选答案中,挑选一个正确答案。

【程序说明】单击窗体后,用输入对话框输入 x 和 n 的值,按以下公式计算结果。要求:将计算结果以标签控件显示,每秒随即变换一次颜色。

$$\frac{x}{2!}+\frac{x^2}{3!}+\frac{x^3}{4!}+\cdots+\frac{x^n}{(n+1)!}$$

【程序】

```
  (1)                    '模块级变量 s 用于记录数列和
Private Sub Form_Load( )
    Timer1. Interval = 1000 : Timer1. Enable = False
End Sub
Private Sub Form_Click( )
    Dim x As Single,n As Integer,i As Integer,t As Single    't 用来记录数列中当前计算项的值
    s = 0 : x = InputBox( "x = " ) : n = InputBox( "n = " )
     (2)                 't 值计算过程都是乘除运算,因此先要赋初值 1,否则每一项都变 0
    For i =  (3)         't 的计算过程中,分母是"i"的阶乘,而数列的分母是从 2! ~(n+1)!
    t = t * x/i : s = s + t  '每计算出一个数列元素值,就加到总和中
  Next i
   (4)                   '当总和计算出来,利用时钟控件实现闪烁显示
End Sub
Private Sub Timer1_Timer( )
  Label1. ForeColor = RGB( Rnd * 255 ,Rnd * 255 ,Rnd * 255 )
  Label1. caption = s
End Sub
```

【供选择的答案】

(1) A. Static s As Single　　B. Dim s As Single
　　C. Option Base 1　　D. Const s As Single

(2) A. t = −1　　B. t = 0　　C. t = 2　　D. t = 1

(3) A. 2 to n + 1　　B. 1 to n　　C. 2 to n　　D. 1 to n + 1

(4) A. Timer1. Enabled = False　　B. Timer1. Enable = True
　　C. Label1. Enable = False　　D. Label1. Enabled = True

本题考查的知识点如下。

① 静态变量是指程序运行期间,即使退出变量所在的过程,其值仍被保留的变量,即变量所占用的内存空间没有释放。

② 静态变量只能在过程中声明,而不能在通用对象声明部分声明。

答案：(1)B (2)D (3)A (4)B

2. 阅读下列程序说明和程序，在每小题提供的可选答案中，挑选一个正确答案。

【程序说明】下列程序运行时，先输入各公司月销售额，然后单击命令按钮，图片框中将显示各公司销售额的圆饼图，如题图6-1所示。要求：在文本框中只能输入数字字符；在圆饼图中分别用红、绿、蓝色显示A、B、C公司的扇区填充色。

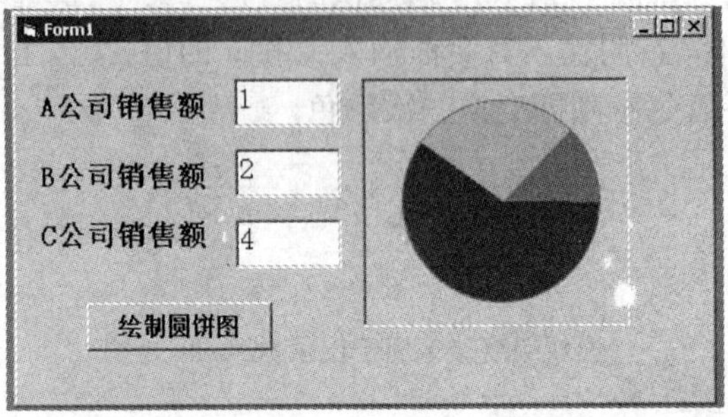

题图6-1 试题2的界面设计

【程序】

```
Private Sub Command1_Click()
    Const PI = 3.14593
    Dim a As Single, b As Single, c As Single, x As Single
    Picture1.Scale(-8, -8) - (8,8)
 (1)                                        '设置填充样式为实心
    a = Text1(0).Text : b = Text1(1).text : c = Text1(2).text
    x = 2 * PI/(a + b + c)                  '计算每个单位在圆饼图中所占圆心角的弧度值
    Picture1.FillColor = RGB(255,0,0)
    Picture1.Circle(0,0),6,0, (2)           '绘制红色扇型
    Picture1.FillColor = RGB(0,255,0)       '设置填充色为绿色
    Picture1.Circle(0,0),6,0, -a * x, -(a + b) * x
    Picture1.FillColor = RGB (3)
    Picture1.Circle(0,0),6,0, -(a + b) * x, -(a + b + c) * x
End Sub
Private Sub Form_Load()
    Picture1.Width = Picture1.Height
End Sub
Private Sub Text1.KeyPress(Index As Integer, K As Integer)
    If (4) Then K = 0                       '当按下非数字按键时则取消击键
End Sub
```

【供选择的答案】

(1) A. Picture1.FillStyle = 1　　B. Picture1.DrawStyle = 0

C. Picture1.DrawStyle = 1　　D. Picture1.FillStyle = 0

(2) A. 2 * PI, -a * x　　B. -2 * PI, a * x

C. -2 * PI, -a * x　　D. 2 * PI, a * x

(3) A. RGB(255,0,0)　　B. vbBlue　　C. Blue　　D. RGB(0,255,0)

(4) A. K < Asc("0") Or K > Asc("9")　　B. K < "0" Or K > "9"

C. K < Asc(0) Or K > Asc(9)　　D. K < 0 Or K > 9

本题考查的知识点如下。

① Scale 方法:改变原点的坐标,并随之改变最大坐标值。参数中的两点坐标分别作为容器的左上角坐标和右下角坐标。

② DrawStyle 属性:返回或设置一个值,以决定图形方法输出的线型的样式。语法格式如下:

```
object. DrawStyle [ = number]
```

③ FillStyle 属性:指定图形的填充样式。取值为 0 则实心填充;取值为 1 透明即不填充。

④ Circle 方法:可以实现画圆、圆弧、椭圆。为了用 Circle 方法画出圆弧,应以弧度为单位,给出定义弧线 start 和 end 的角度参数。画圆弧的语法如下:

```
[object.]Circle [Step](x,y),radius,[color],start,end
```

若 start 为负值,该方法还画一条从圆心到圆弧相应端点的连线。参数 end 也如此。

⑤ KeyPress 事件:

```
Private Sub object_KeyPress([index As Integer,]KeyAscii As Integer)
```

KeyAscii 是返回一个标准数字 ANSI 键代码的整数。将 KeyAscii 改变为 0 时可取消击键,这样对象便接收不到字符。

答案:(1)D (2)C (3)B (4)A

3. 阅读下列程序说明和程序,在每小题提供的可选答案中,挑选一个正确答案。

【程序说明】Form2 的过程 Command1_Click 如下:输入 10 个数,根据 Form1 中全局变量 flag 的不同取值进行运算;若 flag 为 True,则求 10 个数的和;若 flag 为 False,则求 10 个数的积。

【程序】

```
Private Sub Command1_Click()
    Dim a(10) As Single,s As Single,i As Integer      '定义数组用来存放输入的10个数
    s = 0                                             '设置变量 s 存放和或积的结果,初始值设置为 0
    If ___(1)___ Then s = 1                           '如果进行积运算,结果 s 的初始值应该设置为 1
    For i = 1 To 10
        a(i) = InputBox("a(" & i & ") = ")            '依次读取 10 个数存入数组变量
        If ___(2)___ Then s = s + a(i) Else s = s * a(i)   '判定 flag 的值,决定运算方法
    Next i
    Print s
End Sub
```

【供选择的答案】

(1) A. Not Form1. flag　　B. Form1. flag　　C. flag　　D. flag = True

(2) A. s = 1　　B. s < > 1　　C. Form1. flag　　D. flag

本题考查的知识点如下。

在模块的通用对象声明部分,用 Public 语句声明的变量,符号常量是全局量。全局量可以在整个工程中被引用,其他窗体引用时,在变量名和符号常量名前,必须指出窗体名称。

答案:(1)A (2)C

4. 阅读下列程序说明和程序,写出运行结果。

【程序说明】顺序写出运行时执行下列事件过程的显示结果。

【程序】

```
Private Sub Command1_Click( )
    For i = 2 To 20
        If i Mod 2 = 1 And i Mod 3 = 2 Then Print i      '打印 2 ~20 中 3 的倍数减 1 且是奇数的数
    Next i
    Print i
End Sub
```

本题考查的知识点如下。

① 算术运算符 Mod(求余数),如果运算符两边的操作对象中有小数,则先四舍五入再运算。

② For Next 结构:

```
For <控制变量 X> = <初值 e1> To <终值 e2> [STEP <步长 e3>]
    循环体
Next <控制变量 X>
```

循环正常结束后,控制变量为最后一次取值加步长。

答案:5

11

17

21

5. 阅读下列程序说明和程序,写出运行结果。

【程序说明】写出下列程序运行时,单击命令按钮控件 Command1 后窗体上的显示结果。

【程序】

```
Private Function f1(n As Integer) As Integer
    Static i As Integer
    While i <= n
        f1 = f1 + i: i = i + 1
    Wend
End Function
Private Function f2(ByVal n1 As Integer, n2 As Integer) As Integer
    Dim i As Integer
    Do While n2 >= n1
        f2 = f2 + n2: n2 = n2 - 1
    Loop
End Function
```

```
Private Sub Command1_Click( )
    Dim a As Integer,b As Integer
    Print f1(3)
    Print f1(5)
    a =5: b =8
    Print f2(a,b)
    Print f2(b,a)
End Sub
```

本题考查的知识点如下。

本题中,函数 f 1 中的变量 i 是静态变量,参数传递方式是按地址传递;函数 f 2 中的变量 i 是局部量,动态变量;第一个参数按值传递,第二个参数按地址传递。

答案: 6

9

26

9

6. 阅读下列程序说明和程序,写出运行结果。

【程序说明】写出下列程序运行时,单击窗体后窗体上的显示结果。

【程序】

```
Private Sub Form_Click( )
Dim a(7) As String * 1,i As Integer        '数组 a 的元素是字符串变量,且每个变量只能存放一个字符
    For i =1 To 7
        a(i) = Chr( Asc(" A" ) +i -1)       '数组 a 中的 7 个元素的是 Ascii 码依次递增 1 的大写字母
    Next I                                  '第一个元素是 A
    For i =7 To 4 Step -1                   '依次打印数组 a 中的 7 个元素. 打印前 6 个元素,
        Call print(a,i)                     '打印前 5 个元素,打印前 4 个元素,每次打印都换行
    Next i
End Sub
Sub print(b( ) As String * 1,n As Integer)'该过程实现,打印数组 b 中的前 n 个元素
    Dim i As Integer
    For i =1 To n
        Print b(i);                '注意 b(i)后边的分号,表明这 n 个元素打印成紧凑格式
    Next i
    Print
End Sub
```

本题考查的知识点如下。

① Chr(x)函数:把一个数字字符串 x 转换为相应的数值。

② Asc(x)函数:返回字符串 x 首字符所对应的 ASCII 值,是函数 Chr 的逆运算。

答案: ABCDEFG

ABCDEF

ABCDE

ABCD

7. 程序设计题。

（1）编写事件过程 Command1_Click，执行该过程时调用 InputBox 函数输入 x，按以下公式计算 y 并以标签控件 Label1 显示 y 值。

$$y=\begin{cases}3x^2+2x-1 & x<-5\\ x*\sin x+2x^2 & -5<=x<=5\\ \sqrt{x-5}+\log_{10}x & x>5\end{cases}$$

（2）文本文件 e:\aaa. txt 中存放了若干行字符，编写相应事件过程：在加载窗体时读入文件中各行字符并顺序在列表框控件 List1 的列表部分显示，在运行时按窗体控制菜单"关闭"后，自动将列表框中各行数据存储到文本文件 e:\aaa. txt。

提示：加载窗体时自动执行的事件过程是 Form_Load( )，按窗体控制菜单"关闭"后，自动执行的事件过程是 Form_Terminate( )。

答案（参考代码）：

（1）
```
Private Sub Command1_Click( )
Dim x As Single,y As Single                            '函数及变量应为实数类型
x = InputBox("x = ")                                   '读取变量的取值
If x  < -5 Then y = 3  *  x ^ 2 + 2  *  x - 1          'x < -5 时函数的求解
If x  >= -5 And x  <=5 Then y = x  *  Sin(x) + 2 ^ x   ' -5 <= x <= 5 时函数的求解
If x  >  5 Then y = Sqr(x - 5) + Log(x) / Log(10)      'x > 5 时函数的求解
label1. Caption = "y = " & y
Label2. Caption = "x = " & x
End Sub
```

（2）
```
Private Sub Form_Load( )
Dim ss As String
Open "e:\aaa. txt" For Input As #1                     '打开文件，只读
List1. Clear                                           '清空列表框控件中所有的列表项
Do While Not EOF(1)                                    '逐行读取文件内容，直至文件结束
    Line Input #1,ss
    List1. AddItem ss                                  '文件中读取的内容添加到列表项
Loop
Close #1
End Sub
Private Sub Form_Terminate( )
    Dim i As Integer
    Open "e:\aaa. txt" For Output As #1                '打开文件，只写
    For i = 0 To List1. ListCount - 1                  '打列表框控件的列表项索引是从 0 开始计数的
        Print #1,List1. List(i)                        '列表项的内容逐个写入文件
    Next i
    Close #1
End Sub
```

模拟试题 7

1. 阅读下列程序说明和程序，在每小题提供的可选答案中，挑选一个正确答案。

【程序说明】本程序运行时，无论如何调整窗体的边界，单击窗体后都以窗体的中心位置为圆心，以 30 毫米为半径画出一个圆饼图。

【程序】

```
Private Sub Form_Load( )
    FillStyle = 0                          '图形的填充样式为实心填充
    __(1)__                                '坐标系的标准刻度设置为毫米
End Sub
Private Sub Form_Click( )
    __(2)__                                '将窗体的几何中心设置为坐标系的原点
    FillColor = RGB(255,0,0)               '设置填充色为红色
    Circle (0,0),30,, -3.14159 * 2, -3.14159 * 2/3        '绘制红色扇型
    FillColor = RGB(0,255,0)                              '设置填充色为绿色
    Circle (0,0),30,, -3.14159 * 2/3, -3.14159 * 4/3      '绘制绿色扇型
    FillColor = RGB(0,0,255)                              '设置填充色为蓝色
    __(3)__                                               '绘制绿色扇型
End Sub
```

【供选择的答案】

(1) A. ScaleMode = 6

B. Scale(-ScaleWidth/2, -ScaleHeight/2) - (ScaleWidth/2,ScaleHeight/2)

C. Form1. Scale (-Width/2, -Top/2) - (Width/2,Top/2)

D. Scale (-Width/2, -Top/2) - (Width/2,Top/2)

(2) A. ScaleMode = 6

B. ScaleMode = 1

C. Scale (-ScaleWidth/2, -ScaleHeight/2) - (ScaleWidth/2,ScaleHeight/2)

D. ScaleMode = 2

(3) A. Circle(0,0),30, -3. 14159 * 4 / 3, -3. 14159 * 2

B. Circle(0,0),30,, -PI * 4 / 3,3. 14159 * 2

C. Circle(0,0),30,, -3. 14159 * 4 / 3,0

D. Circle(0,0),30,, -3. 14159 * 4 / 3, -3. 14159 * 2

本题考查的知识点如下：

① ScaleMode 属性：ScaleMode = 6 时，坐标系以毫米为单位。

② FillStyle 属性：指定图形的填充样式。FillStyle 的取值为 0，则实心填充；取值为 1 则透

明填充。

③ Scale 方法:改变原点的坐标并随之改变最大坐标值。格式如下。

容器名 . Scale（x1,y1）-（x2,y2）

④ Circle 方法画圆弧,语法格式如下。

[object.]Circle [Step](x,y),radius,[color],start,end

以弧度为单位,给出定义弧线 start 和 end 的角度参数;若 start 为负值,该方法还画一条从圆心到圆弧相应端点的连线。参数 end 取负也如此。

答案:(1)A　(2) C　(3)D

2. 阅读下列程序说明和程序,在每小题提供的可选答案中,挑选一个正确答案。

【程序说明】下列程序运行时,单击“读入数据”后,从外部文件中读入的数据显示在组合框中,如题图 7-1 所示。单击“保存数据”后,将组合框中的各表项输出到外部文件;单击“添加记录”后,将组合框中文本框部分的文本添加作为组合框的表项;单击“删除记录”后,将组合框中选中的表项删除。

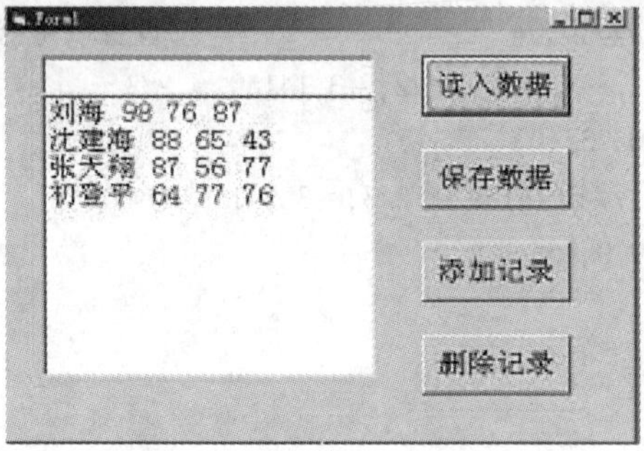

题图 7-1　试题 2 运行界面

【程序】

```
Private Sub Command1_Click(Index As Integer)          '建立按件数组按钮
    Select Case Index
        Case 0
            Combo1. Clear                              '清空组合框中所有的列表项
            Open "d:\aaa. txt" For Input As #1         '以读模式打开存放数据的文件
            Do While Not EOF(1)                        '逐行读取文件中的数据,
            Line Input #1,a $                          '以字符串形式放入变量 a 中
            Combo1. AddItem a $                        '逐行将文件中的数据添加到组合框中
        Loop
        Close #1
    Case 1                                             '将组合框的各表项输出到外部文件
        Open "d:\aaa. txt" For Output As #1            '以写模式打开文件
        For i% =0 To Combo1. ListCount -1              '逐项将列表项写入文件
            Print #1,Combo1. List(i% )
```

```
        Next i%
        Close #1                          '关闭文件
    Case 2
        ___(1)___                         '添加为组合框的项
    Case 3                                '删除选中的项
        ___(2)___
    End Select
End Sub
```

【供选择的答案】

（1）A. Combo1. AddItem Combo1. Text

B. Combo1. Append Combo1. Text

C. Combo1. Add Combo1. Text

D. Combo1. AddItem Combo1. List(ListIndex)

（2）A. Combo1. Remove Combo1. ListIndex

B. Combo1. Cls Combo1. ListIndex

C. Combo1. RemoveItem Combo1. ListIndex

D. Combo1. Clear Combo1. ListIndex

本题考查的知识点如下。

① 组合框 AddItem 方法，格式如下：

组合框控件名 . AddItem 列表项文本[,索引值]

将列表项文本添加到组合框中，索引值可以指定列表项文本的插入位置，省略索引项则将列表项文本追加到列表框末尾。

② 组合框 RemoveItem 方法，格式如下：

组合框名 . RemoveItem 索引值

删除列表框中索引值指定的列表项。

③ 控件数组的使用。

答案：（1）A　（2）C

3. 阅读下列程序说明和程序，并写出程序运行结果。

【程序说明】程序运行时单击 Command1 后，输入 12345678，写出窗体上的输出结果。

【程序】

```
Private Sub Command1_Click( )
        Dim x As Long, y As String
        x = InputBox( "", "" )
        Do While x < > 0
          y = y & x Mod 10
          y = x\10 Mod 10 & y
          x = x \ 100
          Print y
        Loop
```

```
End Sub
```

本题考查的知识点如下。

① 连接运算符 &:用于连接两边的字符串。

② 整除运算符\和求余数运算符 Mod:遇到非整数,两边先四舍五入再进行运算。

③算术运算符之间的运算优先级从高到低为:(指数运算^)→(取负 -)→(乘 *. 除/)→(整除\)→(求余 Mod)→(加 +. 减 -)。

答案: 78

5786

357864

13578642

4. 阅读以下程序说明和程序,并写出程序运行结果。

【程序说明】若列表框控件 List1 的 Sorted 属性为 True,写出下列程序运行时单击 Command1 后列表框中的显示结果。

【程序】

```
Dim x(6) As Integer                    '数组定义
Private Sub Form_Load()
    For i% = 1 To 6                    '数组元素赋初值
        x(i%) = 7 - i%
    Next i%
End Sub
Private Sub Command1_Click()
    List1. Clear               '清空列表项
    For i% = 2 To 5            '第 2、3、4、5 个数组元素的值等于相邻三个数组元素值的和除以 3
        x(i%) = (x(i% - 1) + x(i%) + x(i% + 1)) / 3
    Next i%
    For i% = 2 To 5            '第 2、3、4、5 个数组元素的值添加到列表框中
        List1. AddItem x(i%)
    Next i%
End Sub
```

本题考查的知识点如下。

① 列表框的 Sorted 属性:指定列表框中的列表项是否自动排序。Sorted 属性为 True 时,列表框控件中的列表项自动按字典顺序排序。

② 隐含声明:在变量名的后面加上特定字符的声明方式。

➘%:整型。

➘& :长整型。

➘!:单精度浮点型。

➘#:双精度浮点型。

➘@ :货币型。

➘$:字符串型。

答案：2
3
4
5

5. 阅读以下程序说明和程序，写出程序运行结果。

【程序说明】依次写出下列程序运行时四次单击命令按钮 Command1 后窗体上的输出结果。

【程序】

```
Dim x As Integer,y As Integer
Private Sub f1(a As Integer)
    a = a / 2
End Sub
Private Sub f2(ByVal b As Integer)
    b = b / 2
End Sub
Private Sub Command1_Click( )
    Call f1(x)
    Call f2(y)
    Print x,y
End Sub
Private Sub Form_Load( )
    x = 64: y = 64
End Sub
```

本题考查的知识点如下。

① 模块级量：在模块的通用对象声明部分，没有用 Public 声明的变量（包括数组）。

② 过程调用、实参向形参的传递。

答案：32　64
16　64
8　64
4　64

6. 阅读以下程序说明和程序，并写出程序运行结果。

【程序说明】设有如下通用过程：

```
Public function f(x as integer)
  Dim y as integer
  X = 20
  Y = 2
  F = x * y
End function
```

在窗体上设置一个名称为 Command1 的命令按钮，然后编写如下事件过程，程序运行后，如果单击命令按钮,给出窗体上显示的内容。

```
Private sub Command1_click( )
  Static x as integer
  X = 10
  Y = 5
  Y = f( x)
  Print x;y
End sub
```

本题考查的知识点如下。

① 函数的定义格式:

```
[Public|Private][Static]Function 函数名([形式参数表])[As <类型>]
    <语句块>
    <函数名> = <表达式>
    [Exit Function]
    …
End Function
```

② 过程调用、实参向形参的传递。

答案: 20　40

7. 程序设计题。

(1) 编写事件过程 Command1_Click,执行该过程时输入 n,并计算下列表达式的值,然后将计算结果在文本框控件 Text1 中显示。

$$1+\frac{2}{3\times4}+\frac{3}{4\times5}+\frac{4}{5\times6}+\cdots+\frac{n}{(n+1)(n+2)}$$

(2) x1,y1 已声明为模块级变量,鼠标按下的事件过程如下:

```
Private Sub Pic1_MouseDown(Button As Integer,Shift As Integer,_
        X As Single,Y As Single)
        x1 = x : y1 = y
        End Sub
```

编写事件过程 Pic1_MouseUp,使得在图片框控件 Pic1 上拖动鼠标后,绘制出一个矩形。鼠标按下、抬起的位置分别为矩形斜对角线的顶点,矩形轮廓线为红色,矩形内部填充色为绿色。

答案(参考代码):

(1)
```
Private Sub Command1_Click( )
  Dim n As Byte,y As Single          '变量 n 用来标记现在计算数列中的第几个元素
  n = InputBox("","")                '变量 y 用来记录数列元素的和,应为 Single 类型
  For i% = 1 To n                    '数列元素逐项相加
      y = y + i% / (i% + 1) / (i% + 2)
  Next i%
  Text1. Text = y                    '结果显示在文本框中
```

```
    End Sub
(2) Private Sub Pic1_MouseUp(Button As Integer,Shift As Integer,X As Single,Y As Single)
    Pic1.FillColor = RGB(0,255,0)                       '矩形填充色设置为绿色
    Pic1.FillStyle = 0                                  '填充样式设置为实心填充
    Pic1.Line (x1,y1) - (X,Y),RGB(255,0,0),B             '绘制矩形的对角顶点坐标为(x1,y1),
    (X,Y)
    End Sub                                             '边框为红色,实心填充
```

模拟试题 8

1. 阅读下列程序说明和程序，并将程序补充完整。

【程序说明】在窗体上设计一个命令按钮，程序运行后，单击命令按钮，将产生 100 个 1000 以内的随机整数，放入数组 a 中，然后查找并输出这 100 个数中的最大值 max 和最小值 min，然后编写如下事件过程。

【程序】

```
Private Sub Command1_Click()
Dim a(1 To 100) As Integer
For i = 1 To 100
  a(i) = ___(1)___                    '生成 1000 以内的数
Next i
Max = a(1)
Min = a(1)
For i = 1 To 100
  If ___(2)___ Then                   '找最大的数并赋值给 Max
      Max = a(i)
  End If
  If ___(3)___ Then                   '找最小的数并赋值给 Min
      Min = a(i)
    End If
  Next i
  Print "max = "; Max, "min = "; Min
End Sub
```

本题考查的知识点如下。

① 数组是用一个统一的名称表示的、顺序排列的一组变量。数组的声明格式为：

<说明符> <变量名>(<下标>)[As <类型>]

② 一维数组元素的引用方法如下：

数组名(<下标表达式>)

③ 为了生成[a ,b]范围内的随机整数，可使用以下公式：

Int((b - a + 1) * Rnd + a)

答案：(1) Int(Rnd * 1000)

(2) Max < a(i)

(3) Min > a(i)

2. 阅读下列程序说明和程序,将程序补充完整。

【程序说明】在窗体上设计一个命令按钮和一个通用对话框,名称分别为 Command1 和 CommonDialog1。该程序的功能是:程序运行后,单击命令按钮,将显示"打开文件"对话框,其标题是"打开文件",在"文件类型"栏内显示"text(*.txt)",并显示 C 盘根目录下的所有文件。

【程序】

```
Private Sub Command1_Click()
    CommonDialog1.DialogTitle = "打开文件"
    CommonDialog1.Filter = "  (1)  "
    CommonDialog1.InitDir = "  (2)  "
    CommonDialog1.  (3)  
End Sub
```

本题考查的知识点如下。

① CommonDialog 控件提供了一组标准的操作对话框,如打开和保存文件,选择颜色和字体等。

② CommonDialog 控件的主要方法如下。

CommonDialog1.ShowOpen:显示"打开"对话框。

CommonDialog1.ShowSave:显示"另存为"对话框。

CommonDialog1.ShowColor:显示"颜色"对话框。

CommonDialog1.ShowFont:显示字体对话框。

CommonDialog1.ShowPrinter:显示"打印"或"打印选项"对话框。

CommonDialog1.ShowHelp:显示"Windows 帮助系统"对话框。

③ CommonDialog 控件的相关属性如下。

InitDir 属性(初始化路径):程序运行后,该属性返回用户所选择的目录名,如不设置,则系统默认当前目录。

Filter 属性:过滤器,用于设置显示的文件类型,其取值为字符串,字符串中有若干个"|"符号。

答案:(1) Text(*.txt)| *.txt

(2) C:\

(3) ShowOpen

3. 阅读下列程序说明和程序,并将程序补充完整。

【程序说明】在窗体上设计一个文本框,名称为 Text1。程序的功能是:在 D 盘 temp 目录下建立一个名为 dat.txt 的文件,在文本框中输入字符,每次按 Enter 键(Enter 键的 ASCII 码值是 13)都把当前文本框中的内容写入文件 dat.txt,并清除文本框中的内容。如果输入"END",则结束程序。

【程序】

```
Private Sub Form_Load()
  Open "d:\temp\dat.txt" For Output As #1
  Text1.Text = ""
End Sub
Private Sub Text1_KeyPress(KeyAscii As Integer)
```

```
    If ____(1)____ Then
      If UCase(Text1.Text) = ____(2)____ Then              '输入 END 则关闭文件
        Close #1
        End
      Else
        Write #1, ____(3)____                               '否则文本框内容写入文件
        Text1.Text = ""
      End If
    End If
  End Sub
```

本题考查的知识点如下。

① Ucase(x):将 x 字符全部转换为大写。

② 打开文件,方法如下:

Open 文件名 For Input | output | Append As [#]文件号

Append 表示追加数据到文件尾。如文件不存在,则创建文件。

Output 表示把数据写入文件。如文件不存在,则创建文件;如文件已存在,覆盖原有内容。

Input 表示从文件读入数据。总是从文件的开头读文件,如文件不存在,则出错。

③ 关闭文件,方法如下:

Close [#文件号 1],[[#文件号 2],…]

④ 写顺序文件:写顺序文件之前,应使用 Output 或 Append 打开文件。可用 Write 语句把变量、常量或表达式的值写入顺序文件,方法如下:

write #文件号 ,[表达式列表]

答案:(1) KeyAscii = 13

(2) "END"

(3) Text1. Text

4. 阅读下列程序说明和程序,并将程序补充完整。

【程序说明】执行下面的程序,单击 Command1 按钮后,窗体上显示的内容如题图 8－1 所示。

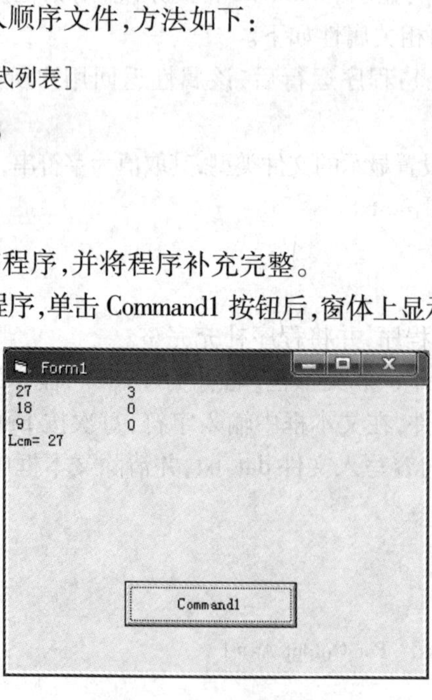

题图 8－1　试题 4 运行界面

【程序】

```
Private Sub Command1_Click( )
  Dim N As Integer,M As Integer,Lcm As Integer
  N =9
  M =27
  Lcm = Recursion( N,M)
 ___(1)___
End Sub
Private Function Recursion( A As Integer, ___(2)___ As Integer
  Static k As Integer
  k = k + 1
  If A Mod B =0 Then
    Recursion = A
  Else
    Recursion = Recursion( A + A / k,B)
  End If
  Print A,k
  k =0
 ___(3)___
```

本题考查的知识点如下。

函数的定义和调用、实参向形参的传递、函数的返回值。

答案：(1) Print ;"Lcm = "; Lcm

(2) B As Integer

(3) End Function

5. 阅读下列程序说明和程序，并将程序补充完整。

【程序说明】下面是一个采用拉锯式排序法对数组元素按升序进行排序的程序。所谓“拉锯排序法”是这一遍把最小的元素从下到上送到最上的位置，下一遍则是从上到下把最大的元素送到最下的位置。

【程序】

```
Option Base 1
Private Sub Command1_Click( )
  Dim a(10) As Integer,i As Integer
  For i =1 To 10                        '产生随机数
    a(i) = Int( Rnd * 10) +1
    Text1 = Text1 & Str( a(i) )
  Next i
  Call shaker_sort( a)                  '调用拉锯排序
  For i =1 To 10                        '排好序数组输出
    Text2 = Text2 & Str( a(i) )
  Next i
End Sub
```

```
Private Sub shaker_sort(k( ) As Integer)
    Dim i As Integer,c As Integer,d As Integer
    Dim t As Integer
    c =1
    d = ___(1)___
    Do
        For ___(2)___ Step -1              '把最小的元素从下到上送到最上的位置
            If k(i -1) > k(i) Then
                t =k(i -1): k(i -1) =k(i): k(i) =t
            End If
        Next i
        ___(3)___
        For i =c +1 To d                   '从上到下把最大的元素送到最下的位置
            If ___(4)___ Then
                t =k(i -1): k(i -1) =k(i): k(i) =t
            End If
        Next i
        d =d -1
    Loop While ___(5)___
End Sub
```

本题考查的知识点是拉锯排序算法及 If 分支结构。

答案: (1) UBound(k)

(2) i =d To c +1

(3) c =c +1

(4) k(i) < k(i -1)

(5) d < > c +1

6. 阅读下列程序说明和程序,并将程序补充完整。

【程序说明】窗体上有一个名称为 List1 的列表框,一个名称为 Text1 的文本框,一个名称为 Label1、Caption 属性为"Sum"的标签,一个名称为 Command1、标题为"计算"的命令按钮。程序运行后,将把 1 ~ 100 之间能够被 7 整除的数添加到列表框。如果单击"计算"按钮,则对 List1 中的数进行累加求和,并在文本框中显示计算结果。

【程序】

```
Private Sub Form_Load( )
For i =1 To 100
If i Mod 7 =0 Then
___(1)___
End If
Next
End Sub
Private Sub Command1_Click( )
Sum =0
```

```
For i = 0 To ___(2)___
Sum = Sum + ___(3)___
Next
Text1. Text = Sum
End Sub
```

本题考查的知识点如下。

① 列表框的 List 属性：是一个字符型的数组，在数组各元素中存放了相应列表项的内容，数组下标是各列表项的顺序号，从 0 开始编号，最后一个列表项的下标是 ListCount - 1（也称索引号）。格式如下：

列表框控件名 . List(Index)

② 列表框的 ListCount 属性：是列表框中列表项的总数。该属性是只读属性，在设计时无效，运行时可以访问。下标从 0 开始计数，最后一个列表项的下标为 ListCount - 1。

③ 列表框的 AddItem 方法：用于在运行时向列表框增加一新表项。用法如下：

列表框名 . AddItem 列表项文本 [,索引号]

“索引号”用于指定新插入的项在列表框中的位置，若省略该参数，则新增加的列表项放在列表框的末尾。

④ 累加和：sum = sum + 通项。

答案：（1）List1. AddItem i

（2）List1. ListCount - 1

（3）List1. List(i)

7. 程序设计题。

（1）文本文件 d：\aaa. txt 中存放了若干个数，编写事件过程 Form1_Load 顺序读这些数，并在组合框控件 Combo1 中逐行显示。

（2）编写通用函数过程 fsum，计算 Single 类型一维数组所有元素的和。

答案（参考代码）：

（1）
```
Private Sub form1_load( )
Dim x As Single
Open "d:\aaa. txt" for Input As #1
Do while not EOF(1)        '将文件中的数据逐个读入给变量 X,并填加给组合框,直至文件末尾
Input #1 ,x
  Combol. AddItem x
Loop
Close #1
End Sub                    '文本文件 d:\aaa. txt 必须是已存在的文件,否则会出错
```

（2）
```
Private Function fsum( a( ) As Single, n As Integer) As Single      '函数头
    Dim i As Integer       '定义循环控制变量
    For i = 1 To n         '数组中有 n 个元素,加运算需循环 n 次
        fsum = fsum + a(i)
    Next i
End Function
```

模拟试题 9

1. 阅读下列程序说明和程序,添相应空格。

【程序说明】执行下面的程序,单击 Command1 按钮时,在列表框 List1 中前三行显示出的结果。

【程序】

```
Private Sub Command1_Click( )
  Dim x As Integer, k As Integer
  x = 483
  k = 2
  Do Until x  <= 1
    If x Mod k = 0 Then
      x = x \ k
      List1. AddItem Str( k)
    Else
      k = k + 1
    End If
  Loop
End Sub
```

本题考查的知识点如下。

① Mod 求余和\整除函数的应用。

② 有关 Do 循环结构的使用。

答案: 3

7

23

2. 阅读下列程序说明和程序,并写出运行结果。

【程序说明】运行时,单击窗体后依次输入 10、37、50、55、56、64、20、28、19、-19、0,写出运行结果。

【程序】

```
Private Sub Form_Click( )
    Dim y As Integer
    Do
      y = InputBox( " y = " )
      If (y Mod 10) + Int(y / 10) = 10 Then Print y
    Loop Until y = 0
```

```
    End Sub
```

本题考查的知识点如下。

① 有关 Do 循环结构的使用 Do

```
   循环体 '先执行循环体,后判断条件
Loop  [ While | Until <条件> ]
```

While 表示当条件为真时执行循环体,Until 表示当条件为假时执行循环体。

② 取整函数 Int(x):返回不大于 x 的最大整数。例如:Int(9.7)值为 9,Int(-9.7)值为 -10。

③ 取模运算符 Mod(求余数)。

答案: 37

55

64

28

19

3. 阅读下列程序说明和程序,并写出运行结果。

【程序说明】运行时,若 Text1.Text 为空,在 Text1 获得输入焦点后,依次按下列按键:"1","2","+","3","4","-","5","6","/","1","4",Enter。请写出窗体上的输出结果。

【程序】

```
Private Sub Text1_KeyPress(k As Integer)
      If k < Asc("0") Or k > Asc("9") Then        '判断该按键是否是数字字符,若不是,则取消刚才的按键,且输出文本框中的文本信息;否则继续等待用户在文本框中输入字符
    k = 0
    Print Text1.Text
  End If
End Sub
```

本题考查的知识点如下。

文本框控件的 KeyPress 事件即按键事件,当用户按了键盘上某个可打印字符键时触发的该事件,它返回的是"字符"的 ASCII 码。本题使用参数 k 接收按键的 ASCII 码。

答案: 12

1234

123456

12345614

4. 阅读下列程序说明和程序,写出运行结果.

【程序说明】写出运行时,两次单击窗体后屏幕上的显示结果。

【程序】

```
Dim x As Byte
Private Static Sub Form_Click()
  Dim y As Byte,z As Byte
```

```
    Call Init(y,z)
    Call OP(x,y,z)
    Print x,y,z
End Sub
Private Sub Init(a As Byte,b As Byte)
    a = a + 1: b = b + 2: x = a + b
End Sub
Private Sub OP(ByVal u As Byte,v As Byte,ByRef w As Byte)
    u = u + 1: v = v + u: w = u + v + w
End Sub
```

本题考查的知识点如下。

① 变量的作用域划分。

局部变量:在过程内定义的变量,其作用域为本过程。

模块级变量:在模块各过程之外声明的变量,在整个模块运行期间为其分配一个固定存储单元,直到退出该模块。

全局变量:在标准模块通用声明处用 Public 定义的变量,其作用域为工程的每个模块。每个过程,系统为全局变量在整个应用程序运行期间分配一个固定存储单元。

② 变量的动态和静态划分。

动态变量的内存区域不用时收回,当此变量用时再重新分配。用 Dim 声明的变量为动态变量,但当该变量是局部变量,在某个静态过程中定义的,则是静态变量,即静态过程中声明的所有变量都是静态变量。

静态变量的内存区域一旦分配,就直到整个系统运行结束时才会收回。用 Static 声明的变量是静态变量。在整个程序没有结束之前,静态变量保持上一次的值。

③ 参数传递。

按值传递:形参声明处变量名前是“Byval”,为按值传递。实参是与形参同类型的表达式。调用时,将实参表达式的值赋值给形参。(传值)过程(函数)中,形参变量值的改变不会影响到对应实参变量值的改变。

按址传递:形参声明处变量名前是“ByRef”,为传址调用。VB 中,过程调用时的默认方式是传址调用。在传址调用方式下,形参名就像是实参的别名,它们对应同一内存空间。过程调用时形参的变化就是实参的变化。过程调用后形参的值就是实参的值。

答案:3　5　11

　　19 26 59

5. 阅读下列程序说明和程序,写出运行结果.

【程序说明】顺序画出程序运行时 Hscroll1. Value 依次为 1、2、3、4 时图片框控件 P1 上的图案形状。

【程序】

```
Private Sub Form_Load()
    P1. Height = P1. Width                 '将图片框设置为正方形
    P1. Scale (0,0) - (4,4)               '重新设置图片框的坐标系,原点定在左上角顶点
```

```
        HScroll1. Min = 0: HScroll1. Max = 4        '滚动条 Value 属性的最大值为 4,最小值为 1
    End Sub
    Private Sub HScroll1_Change( )
        P1. Cls                                     '擦除图片框
        P1. Line (0,0) - (HScroll1. Value,HScroll1. Value), ,BF
    End Sub                            '以原点为左上角、滚动条的 Value 值为边长绘制实心正方形
```

本题考查的知识点如下。

① 滚动条的 Max 和 Min 属性:返回和设置 Value 属性的最大值和最小值。

② 图片框的 Cls 方法:擦除图片框上的文字和图形。

③ 画直线,方法如下:

[容器名.]Line [(x1,y1)] - (x2,y2) [,Color]

④ 画矩形与填充矩形,方法如下:

[容器名.]Line [(x1,y1)] - [Step](x2,y2) [,Color][,B]

⑤ 画填充矩形,方法如下:

[容器名.]Line [(x1,y1)] - [Step](x2,y2) [,Color],BF

⑥ 本题用滚动条的 Value 值作为边长,绘制实心的正方形。

答案:

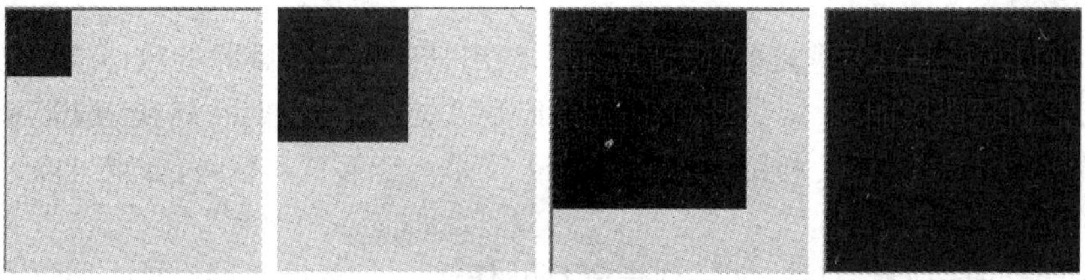

6. 阅读以下程序说明和程序,并写出程序运行结果。

【程序说明】控件 HScroll1 的属性设置如下:

```
HScroll1. Min = 1
HScroll1. Max = 9
HScroll1. Value = 1
HScroll1. SmallChange = 2
HScroll1. LargeChange = 4
```

程序运行时,4 次单击滚动条右端箭头,写出各次单击时 Text1 上的显示结果。

```
Dim y As Single
Private Function f1(x2 As Integer) As Single   '函数f1 的参数传递是按地址传递。变量x1 是静态变量
    Static x1 As Integer
    f1 = 0
    For i% = x1 To x2
      f1 = f1 + i%
```

```
    Next i%
    x1 = i%
End Function
Private Sub HScroll1_Change( )
    y = y + f1( HScroll1. Value)
    Text1. Text = y
End Sub
```

本题考查的知识点如下。

① 模块级变量、静态变量和局部变量的使用。

② 滚动条的相关属性。

Value 属性:返回或设置滚动滑块所处的位置。

LargeChange 属性:返回或设置当用户单击滚动条上的滑动箭头和滚动滑块之间的区域时,Value 属性值的改变量。

SmallChange 属性:返回或设置当用户单击滚动箭头时 Value 属性值的改变量。

Max 和 Min 属性:返回或设置 Value 属性的最大值和最小值。

答案: 6
15
28
45

7. 程序设计题。

(1) 生成 20 个 200 ~ 300 之间的随机整数,输出其中能被 5 整除的数,并求出它们的和。

提示:在循环中利用 Rnd 函数得到一个介于 0 ~ 1 之间的小数,再转换为 200 ~ 300 之间的整数,并保存在变量中 X 中。利用 mod 函数判断 X 是否能够被 5 整除,如果可以,则将 X 累加到变量 S 中求和。

(2) 要求通过驱动器、目录、文件列表框打开任何一个文本文件(如 e:\aaa. txt),该文件中有若干行字符,将每行中的字符(除空格符外)复制到另一个通过通用对话框控件打开的文件(如 e:\bbb. txt)中。界面设计如题图 9 - 1 所示。

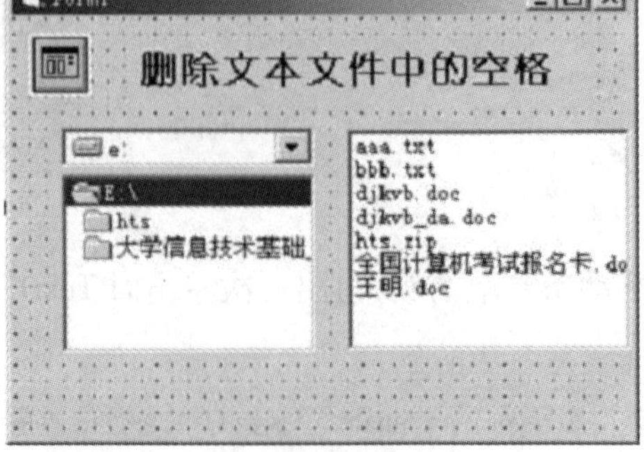

题图 9 - 1 试题 7 界面设计

答案(参考代码):

(1) Private Sub Command1_Click( )

```
    For I = 1 to 20
      X = int (Rnd * 200 + 100)
      If x mod 5 = 0 then
    Print x
    S = S + x
  End if
  Next I
  Print " sum = " ; s
  End sub
```

(2)
```
Private Sub File1_Click()
      Dim fin As String, ss As String
      fin = File1. Path
      If Right(fin,1) = "\" Then          '判断文件路径最右边是否为字符“\”
        fin = fin + File1. FileName
      Else
        fin = fin + "\" + File1. FileName   '若路径最右边不是“\”,则路径和文件名之间要加上“\”
      End If
      Open fin For Input As #1
      CommonDialog1. Action = 2           '设置通用对话框为“另存为“对话框
      Open CommonDialog1. FileName For Output As #2
      Do While Not EOF(1)
        Line Input #1, ss                 '读取文件中的一行内容,放入字符串变量 ss 中
        For i% = 1 To Len(ss)             '从左到右逐个判断 ss 中的字符,若不是空格就写入文件中
        If Mid(ss,i%,1) < > " " Then Print #2, Mid(ss,i%,1);
      Next i%
      Print #2,                           '写完一行数据,换行
    Loop
    Close #1
    Close #2
  End Sub
```

模拟试题 10

1. 阅读下列程序说明和程序,在每小题提供的可选答案中,挑选一个正确答案。

【程序说明】(1)程序运行时初始界面如题图 10-1 所示。在文本框中输入一个整数 n 并按 Enter 键后,如果 n<1 则重新输入,否则按钮 Command1 可用;(2)单击 Command1 计算斐波那契数列第 n 项的值(该数列第 1、2 项均为 1,此后各项为该项前两项之和,如:1,1,2,3,5,8,…);(3)用消息框输出结果(题图 10-2 表示输入 n 为 8 后,输出结果是 21),单击消息框中的"是"按钮则界面显示如题图 10-1,单击"否"按钮则退出。

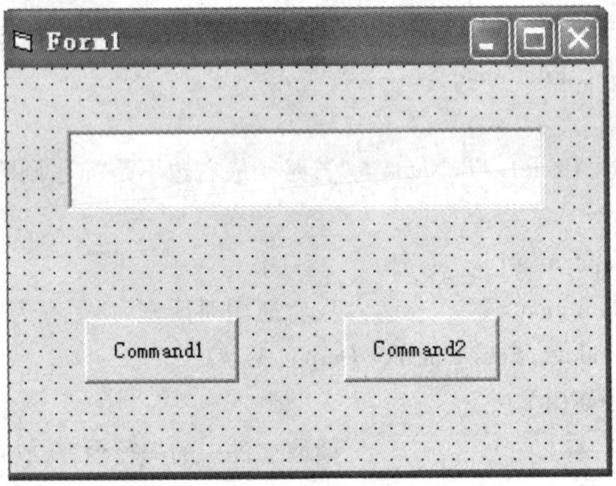

题图 10-1　试题 1 设计界面

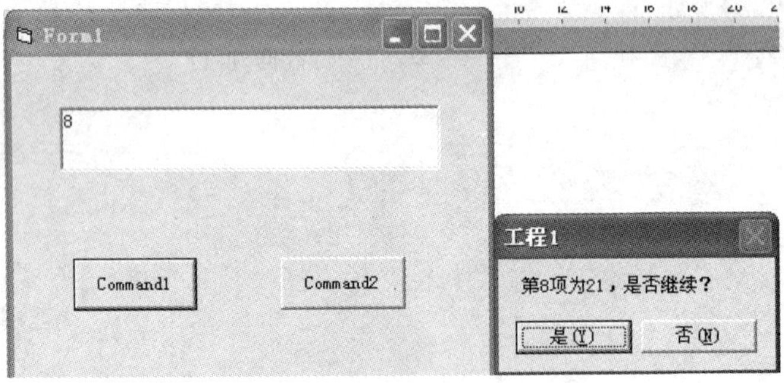

题图 10-2　试题 2 运行界面

【程序】

```
Dim n As Integer
Private Sub Form_Load()
    Command1. Enabled = False                    '窗体加载时命令按钮禁用
End Sub
Private Sub Text1_KeyPress(k As Integer)
```

```
    If __(1)__ Then Exit Sub                            '当按下非回车时,不作处理
    n = Text1. Text
    If n < 1 Then MsgBox("n 应大于零!"):Exit Sub       '当用户输入小于 1 时消息框提示错误
    Command1. Enabled = True
End Sub
Private Sub Command1_Click()
    Dim i As Integer
    __(2)__                                              '定义动态数组
    f(1) = 1: f(2) = 1                                   '数组前两项
    For i = (3)                                          '从第三项开始,各项为该项前两项之和
      f(i) = f(i - 1) + f(i - 2)
    Next i
    k = MsgBox("第" & n & "项为" & f(n) & ",是否继续?", __(4)__)
    If k = vbYes Then                                    '当在 MsgBox 单击"是"按钮时,显示类似
                                                         题图 10 - 1 的界面
      Text1. Text = "": Command1. Enabled = False
      Text1. SetFocus
    Else
      End
    End If
End Sub
```

【供选择的答案】

(1) A. k = 13　　B. k < > 13　　C. KeyAscii < > 13　　D. KeyAscii = 13

(2) A. Redim f(8) As Long　　B. Redim f(n) As Long
　　C. Dim f(n) As Long　　D. Dim f(8) As Long

(3) A. 1 To n　　B. 1 To n Step 1　　C. 2 To n　　D. 3 To n

(4) A. vbNo　　B. vbYes　　C. vbYesNo　　D. vbQuestion

本题考查的知识点如下。

① 动态数组:在程序运行时,可以改变大小的数组称为动态数组。动态数组最灵活,最方便,但过多使用动态数组,会导致运算速度变慢。

动态数组的语法如下:

ReDim 数组名(< 下标界 > […]) As 类型标识符[…]

② 语句 If k = vbYes Then 中的 vbYes 表示当用户单击 MsgBox 即消息对话框中的"是"按钮时,执行 Then 后面的语句。

③ Text 文本框的 KeyPress 的参数改为 k 后,键盘按下键的 ASCII 值就存在 k 中了。

答案:(1)B　(2)B　(3)D　(4)C

2. 阅读下列程序说明和程序,在每小题提供的可选答案中,挑选一个正确答案。

【程序说明】单击命令按钮 Command1 后,将所有在列表框 List1 中存在而在列表框 List2 中不存在的表项添加到列表框 List3 中。

【程序】

```
Private Sub Command1_Click()
  Dim i As Integer,j As Integer
  ___(1)___                                          'List3 清空
  For i = 0 To ___(2)___                             'List1 的表项从第一项到最后一项
    For j = 0 To ___(3)___                           'List1 的表项从第一项到最后一项
      If List1.List(i) = List2.List(j) Then ___(4)___  '舍弃;List1 和 List2 都有的表项
    Next
    If ___(5)___ Then List3.AddItem List1.List(i)    'List1 有 List2 没有的表项加入 List3
    Next i
End Sub
```

【供选择的答案】

(1) A. List3. Clear　　B. List3. List = " "
　　C. List3. delete　　D. List Cls

(2) A. List1. ListCount　　B. List2. ListCount - 1
　　C. List2. ListCount　　D. List2. ListCount - 1

(3) A. List2. ListCount - 1　　B. List2. ListCount
　　C. List2. ListCount - 1　　D. List1. ListCount

(4) A. Exit For　　B. Exit
　　C. Exit Do　　D. Break

(5) A. j < List2. ListCount　　B. j < = List2. ListCount
　　C. j > List2. ListCount　　D. j > = List2. ListCount

本题考查的知识点如下。

① ListCount 属性:是列表框中列表项的总数。该属性是只读属性,在设计时无效,运行时可以访问。下标从 0 开始计数,最后一个列表项的下标为 ListCount - 1。

② AddItem 方法:用于在运行时向列表框增加一新表项。用法如下:

列表框名 . AddItem 列表项文本 [,索引号]

③ Clear 方法:用于清除列表框中所有的列表项。执行 Clear 方法后,列表框的 ListCount 将设置为 0。其使用格式如下:

列表框名 . Clear

答案: (1)A　(2)B　(3)A　(4)A　(5)D

3. 阅读下列程序说明和程序,在每小题提供的可选答案中,挑选一个正确答案。

【程序说明】选择一个图像文件(BMP 或 JPG)后,在图片框控件 P1 中显示,单击"反转"按钮后,将 P1 中每一像素在 P2 中相应位置以不同颜色显示。

【程序】

```
Private Sub Form_Load()
    File1. ___(1)___ = " *. bmp; *. jpg" '限定文件列表框控件显示文件类型
    P2. Width = P1. Width: P2. Height = P1. Height
    P1. ScaleMode = 3:P2. ScaleMode = 3
```

```
End Sub
'以下三个事件过程中,在程序运行时实现了调用通用(文件)对话框的作用
Private Sub Dir1_Change()
    File1. Path = Dirl. Path
End Sub
Private Sub Drive1_Change()
    Dir1. Path = ___(2)___
End Sub
Private Sub File1_Click()
    ___(3)___ GoTo kk
    P1. Picture = LoadPicture(File1. Path + File1. FileName)
    Exit Sub
  kk:
    P1. Picture = LoadPicture(File1. Path + "\" + File1. FileName)
End Sub
Private Sub Command1_Click()
    Dim x As Integer, y As Integer, ___(4)___
    Dim r As Byte, g As Byte, b As Byte
    For x = P1. ScaleLeft To P1. ScaleLeft + P1. ScaleWidth    'x,y 坐标从容器 P1 的左上角到右
                                                                下角遍历
      For y = P1. ScaleTop To P1. ScaleHeight
        c = P1. Point(x, y)
        If c > = 0 Then                                         'Then 后的语句实现 P1 中每一像素在
                                                                 P2 中相应位置以不同颜色显示
        r = c Mod 256: c = c \ 256
        g = c Mod 256: c = c \ 256
        ___(5)___
        P2. Pset(x, y), RGB(255 - r, 255 - g, 255 - b)
      End If
    Next y, x
End Sub
```

【供选择的答案】

(1) A. Filter　　B. Pattern
　　C. FileName　　D. Path

(2) A. Dir1. Path　　B. Drive1. Drive
　　C. Drive1. Path　　D. Drive1. Drive

(3) A. On Error　　B. In Error
　　C. If Error　　D. If Error Then

(4) A. c As Byte　　B. c As Long
　　C. c As Single　　D. c As Integer

(5) A. b = c Mod 255　　B. b = c \ 256

C. b = c D. b = c \ 256

本题考查的知识点如下。

① On Error GoTo 语句功能:在执行该语句后,若发生运行错误,控制将转去 L1 标号的语句。语句格式如下:

```
On Error GoTo L1
```

② ScaleLeft 属性和 ScaleTop 属性:用户自定义坐标系下控件左上角的横坐标和纵坐标,默认值为(0,0)。

③ ScaleWidth 属性 和 ScaleHeight 属性:当前坐标系下容器自身的宽度和高度。

④ ScaleLeft 属性:x 轴坐标的最小值。x 轴坐标的最大值为 ScaleLeft + ScaleWidth。

⑤ ScaleTop 属性:y 轴坐标的最小值。y 轴坐标的最大值为 ScaleTop + ScaleHeight。

⑥ Point 函数:返回指定位置处的颜色值。

答案:(1)B (2)D (3)A (4)B (5)C

4. 阅读下列程序,在每小题提供的可选答案中,挑选一个正确答案。

【程序说明】在窗体单击事件中,运行时通过输入对话框输入 1 个 1 至 9 之间的整数 n,窗体上的显示结果。

【程序】

```
Private Sub Form_Click( )
  Dim n As Integer,i As Integer,k As Integer,j As Integer
  Do                                  '输入 0 ~ 9 之间的数,如果不是则不断出现 InputBox
      n = InputBox("请输入一个 1 至 9 之间的整数")
  Loop Until 0 < n And n < 10
  k = 10 : j = 1
  For i = 1 To n                      '格式化输出
      Print Space(k) ; String(j,Trim(Str(i)))
      If i < = n/2 Then
       k = k - 1 : j = j + 2
  Else
       k = k + 1 : j = j - 2
    End If
  Next i
End Sub
```

【供选择的答案】

(1) 若运行时输入 n 值为 2,窗体上的显示结果为________。

A. 1
121　　B. 1
222　　C. 1
123　　D. 2
121

(2) 若运行时输入 n 值为 3,窗体上的显示结果为________。

A. 1
222
33333　　B. 1
123
12321　　C. 1
12
123　　D. 1
222
3

(3)若运行时输入 n 值为 4,窗体上的显示结果为________。

A.	B.	C.	D.
1	1	1	1
222	222	123	222
3	33333	12345	33333
444	444	1234567	4444444

本题考查的知识点如下。

与 Print 方法相关的函数,具体如下。

Space(k):返回指定个数 k 个空格组成的字符串。

String(j,"字符"):返回指定个数的同一字符组成的字符串。

Trim("字符串"):返回删除指定字符串的前导和尾随空格后的字符串。

答案:(1)B (2) D (3)B

5. 阅读下列程序,在每小题提供的可选答案中,挑选一个正确答案。

【程序说明】程序运行后,在定时器 Timer1 作用下,标签 Label1 上的标题在窗体上的显示多次变化 。

【程序】

```
Private Sub Form_Load()                              '相关控件属性初始化
        Timer1. Interval = 100: Form1. WindowState = 2
        Label1. Width = ScaleWidth /2: Label1. Left = ScaleLeft
        Label1. Alignment = 0: Label1. Caption = "运行中……"
    End Sub
    Private Sub Timer1_Timer()
        Static m As Byte
        m = m + 8: Label1. FontSize = m
        Timer1. Interval = Timer1. Interval + 100     'Timer 的触发间隔加长
        If m  > 80 Then Timer1. Enabled = False      '以静态变量 m 控制 Timer 的执行次数
    End Sub
```

【供选择的答案】

(1) 程序运行后,事件过程 Timer1_Timer 自动执行的次数为________。

A. 9　　B. 10　　C. 11　　D. 0

(2)“运行中……”这段文字的显示位置始终在________。

A. 窗体的左边　　B. Label1 的右边

C. 窗体的右边　　D. Label1 的中间

(3) Label1 的标题在窗体上的显示多次变化,其规律为________。

A. 字体变大,变化减慢　　B. 字体变小,变化减慢

C. 字体变小,变化加快　　D. 字体变大,变化加快

本题考查的知识点如下。

标签框 Label 及 Timer 控件的相关属性

答案:(1)C (2)A (3)A

6. 阅读下列程序,在每小题提供的可选答案中,挑选一个正确答案。

【程序说明】在窗体上建立菜单项,菜单项标题下可选择画椭圆和正方形。

【程序】

```
Private Sub Form_Load( )
    Form1. Height = Form1. Width  * 2 / 3
    Form1. FillColor = RGB(0,0,255)
    Form1. FillStyle = vbSolid
End Sub
Private Sub Form_Activate( )
    Scale (0,0) - (300,200)
    Paint. Caption = " Circle"
    Line - (150,100),FillColor,BF
End Sub
Private Sub paint_Click( )                '菜单项的单击事件
    Form1. Cls
    If paint. Caption = " Circle"  Then
        Paint. Caption = " Rectangle"
        Circle(ScaleWidth / 2 ,ScaleHeight_/2),ScaleHeight/2,255,,,ScaleHeight / ScaleWidth
                                          '画椭圆
    Else
        Paint. Caption = " Circle"
        Line - (150,100),FillColor,BF '画填充方形
    End If
End Sub
```

【供选择的答案】

(1) 菜单项标题为“Circle”,名称为“paint”,单击该菜单项后,窗体上显示________。

A. 圆　　B. 纵轴大于横轴的椭圆

C. 横轴大于纵轴的椭圆　　D. 矩形

(2) 菜单项标题为“Rectangle”,名称为“paint”,单击该菜单项后,窗体上显示的图形为________。

A. 红色边框无填充色的椭圆　　B. 蓝色边框黑色填充的矩形

C. 黑色边框蓝色填充的椭圆　　D. 蓝色边框蓝色填充的矩形

(3) 菜单项标题为“Circle”,两次单击名称为“paint”的菜单项,窗体上显示为________。

A. 椭圆　　B. 矩形

C. 1 个椭圆和 1 个矩形　　D. 1 个椭圆和 1 个正方形

(4) 菜单项标题为“Rectangle”,两次单击名称为“paint”的菜单项,窗体上显示________。

A. 椭圆　　B. 矩形

C. 1 个椭圆和 1 个矩形　　D. 1 个椭圆和 1 个正方形

本题考查的知识点如下。

① 填充矩形,语法格式如下。

[容器名]. Line [(x1,y1)] - [Step](x2,y2) [,Color],BF

参数“F”表示用边框颜色填充矩形，无参数“B”时，不能有参数“F”。

② 画椭圆，语法格式如下。

```
Circle  [step](x,y),radius[,color] start,end ,Aspect
```

Aspect 表示椭圆纵轴与横轴之比

③ 菜单：在 VB 中，菜单项被看作是一种特殊的控件；菜单中的每一个菜单项，都是单独的菜单控件对象。用右击窗体，调出“菜单编辑器”或其他方法调出“菜单编辑器”，可通过修改“菜单编辑器”的内容来创建菜单。菜单控件只有一个 Click 事件。

答案：(1)C　(2)D　(3)B　(4)A

7. 程序设计题。

(1) 编写事件过程 Command1_Click，计算下式的和，变量 x 与 n 的数值从输入对话框输入。

$$\frac{x}{2!}+\frac{x^2}{3!}+\frac{x^3}{4!}+\cdots+\frac{x^n}{(n+1)!}$$

(2) 某文本文件中存储若干学生的学号和两门课程的成绩，该文本文件的格式为：

```
"05010101",78,89
"05010102",83,79
  ……
```

编写单击窗体的事件过程：用通用对话框控件 Commondialog1 选择该文件；在 Label1(0) ~ Label1(1) 中显示总分最高的学生的学号和总分。

答案（参考代码）：

(1)
```
Private Sub Command1_Click()
Dim s As Single,x As Single,t As Single        '定义所需变量
Dim i As Integer,n As Integer
x = InputBox ( "x =")                          '输入 x 和 n 的值
n = InputBox ( "n =")
s = x / 2: t = x / 2                           '设累加和 s 的初值
For i = 3 To n + 1
  t = t * x / I                                '累加公式中 s = s + 通项中的通项的计算式
  s = s + t
Next i
Print s                                        '在窗体上输出累加和 s
End Sub
```

(2)
```
Private Sub Form_Click()
  Dim xh As String,zf As Integer
  Dim x As String,k1 As Integer,k2 As Integer
  CommonDialog1. ShowOpen                      '通用对话框为打开方式
  Open CommonDialog1. FileName For Input As #1'文件读方式打开
  Do While Not EOF(1)                          '文件没读完时执行循环
  Input #1,x,k1,k2                        '将文件中以逗号","分开的各项分别读入 x,k1,k2 中
    If k1 + k2 > zf Then          '两门课总分最大的存入 zf;同时将总分最大者的学号存入 xh
      zf = k1 + k2
```

```
            xh = x
        End If
    Loop
    Close #1                                    '关闭文件
    Label1(0). Caption = xh                     '在标签框显示 xh 值
    Label1(1). Caption = zf                     '在标签框显示 zf 值
End Sub
```